U0008811

職場急用！Excel 視覺圖表速成

會這招最搶手，新創、外商與行銷都在用的資料視覺化技巧

【Office達人】2AC723

職場急用！Excel視覺圖表速成：
會這招最搶手，新創、外商與行銷都在用的資料視覺化技巧

作　　者	張文霖、于偉偉、陳巍琪
責任編輯	單春蘭
美術編輯	劉依婷
封面設計	走路花工作室
行銷企劃	辛政遠
行銷專員	楊惠潔
總 編 輯	姚蜀芸
副 社 長	黃錫鉉
總 經 理	吳濱伶
發 行 人	何飛鵬
出　　版	電腦人文化
發　　行	城邦文化事業股份有限公司
	歡迎光臨城邦讀書花園
	網址：www.cite.com.tw
香港發行所	城邦（香港）出版集團有限公司
	香港灣仔駱克道193號東超商業中心1樓
	電話：(852) 25086231 傳真：(852) 25789337
	E-mail：hkcite@biznetvigator.com
馬新發行所	城邦（馬新）出版集團 Cite(M)Sdn Bhd
	41,jalan Radin Anum,
	Bandar Baru Sri Petaling,
	57000 Kuala Lumpur,Malaysia.
	電話：(603) 90563833 傳真：(603) 90562833
	E-mail:cite@cite.com.my

印　　刷／凱林彩印股份有限公司
2024年(民113) 3月 初版4刷　Printed in Taiwan.
定價／380元

版權聲明　本著作未經公司同意，不得以任何方式重製、轉
　　　　　載、散佈、變更全部或部分內容。
商標聲明　本書中所提及國內外公司之產品、商標名稱、網站
　　　　　畫面與圖片，其權利屬各該公司或作者所有，本書
　　　　　僅作介紹教學之用，絕無侵權意圖，特此聲明。

國家圖書館出版品預行編目資料

職場急用！Excel視覺圖表速成：會這招最搶手，新創、外
商與行銷都在用的資料視覺化技巧/張文霖、于偉偉、陳巍琪
著. -- 初版. -- 臺北市：電腦人文化出版：城邦文化事業股份
有限公司發行, 民110.01
　面；　公分. -- (Office系列)
ISBN 978-957-2049-15-0(平裝)
1.EXCEL(電腦程式)

312.49E9　　　　　　　　　　　　109017681

若書籍外觀有破損、缺頁、裝釘錯誤等不完整現
象，想要換書、退書，或您有大量購書的需求服
務，都請與客服中心聯繫。

客戶服務中心
　地址：台北市民生東路二段141號B1
　服務電話：（02）2500-7718、（02）2500-7719
　服務時間：週一～週五9：30～18：00
　24小時傳真專線：（02）2500-1990～3
　E-mail：service@readingclub.com.tw

※詢問書籍問題前，請註明您所購買的書名及書
　號，以及在哪一頁有問題，以便我們能加快處理
　速度為您服務。

※我們的回答範圍，恕僅限書籍本身問題及內容撰
　寫不清楚的地方，關於軟體、硬體本身的問題及
　衍生的操作狀況，請向原廠商洽詢處理。

廠商合作、作者投稿、讀者意見回饋，請至：
FB 粉絲團‧http://www.facebook.com /InnoFair
E-mail 信箱‧ifbook@hmg.com.tw

本書簡體版名為《誰說菜鳥不會資料分析（資訊圖
篇）》， ISBN 978-7-121-39045-6 ，由電子工業
出版社出版，版權屬電子工業出版社所有。本書為
電子工業出版社獨家授權的繁體版本，僅限於臺灣
地區、香港、澳門、新加坡和馬來西亞地區 出版發
行。未經本書原著出版者與本書出版者書面許可，
任何單位和個人均不得以任何形式（包括任何資料
庫或存取系統）複製、傳播、抄襲或節錄本書全部
或部分內容。

目錄 Contents

1 資訊圖簡介

1.1	什麼是資訊圖	010
1.2	資訊圖的特點	012
1.3	資訊圖的分類	014
1.4	資訊圖的繪製流程	018
1.5	Excel 圖表元素	020
1.6	本章小結	023

2 KPI 達成分析

2.1	手機圖	026
2.2	人形圖表	035
2.3	滑珠圖	041
2.4	卡車圖	049
2.5	電池圖	054
2.6	五星評分圖	058
2.7	儀錶板	062
2.8	跑道圖	068
2.9	飛機圖	075
2.10	本章小結	081

3 對比分析

3.1	手指圓形圖	084
3.2	箭頭圖	089
3.3	排行圖	095
3.4	山峰圖	098
3.5	人形對比圖	103
3.6	雷達圖	109
3.7	本章小結	113

4 結構分析

4.1	趣味環圈圖	116
4.2	人形橫條圖	120
4.3	試管圖	124
4.4	人形堆疊圖	128
4.5	樹狀圖	134
4.6	放射環狀圖	137
4.7	方塊堆疊圖	139
4.8	本章小結	146

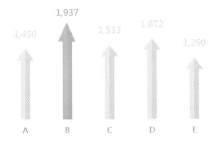

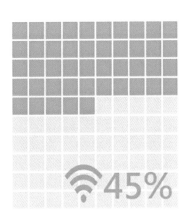

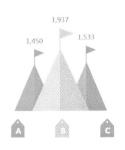

本書範例可於下列位址下載（請留意大小寫）

http://bit.ly/2AC723

5 分佈分析

5.1	長條圖	148
5.2	金字塔圖	156
5.3	矩陣圖	165
5.4	泡泡矩陣圖	172
5.5	本章小結	175

6 趨勢分析

6.1	折線圖	178
6.2	區域圖	183
6.3	趨勢泡泡圖	190
6.4	本章小結	198

[10, 20] (20, 30] (30, 40] (40, 50] (50, 60]

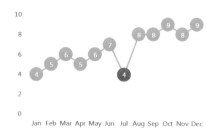

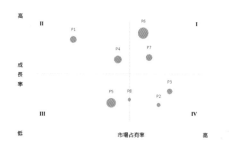

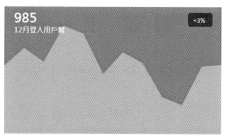

7 轉換率資料分析

7.1 漏斗圖   200

7.2 WIFI 圖   206

7.3 本章小結   212

8 資訊圖報告

8.1 微信資料報告   214

8.2 本章小結   234

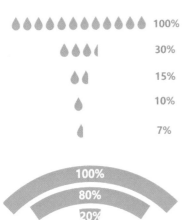

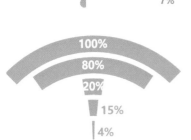

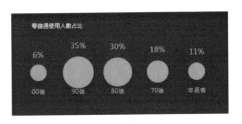

NOTE

1

資訊圖簡介

好好看！
我也想學

年底公司正在舉行業績會議，董事長給全體員工彙報一整年公司的業務成績。Jenny 盯投影牆上展示的各種圖表資料，一邊聽著董事長的發言，一邊記著筆記。Jenny 心裡琢磨著：這些圖表好漂亮啊，是怎麼繪製出來的呢，會議後得找 Mr. P 好好請教一番。因為董事長 PPT 上的圖表都是 Mr. P 製作的。

第二天，Jenny 就跑去找 Mr. P：「Mr. P，年會上董事長 PPT 上面的圖表好漂亮啊，既清晰又簡潔，您是用什麼工具繪製的啊？怎麼繪製的？能不能教教我？」

Mr. P 抬頭看了看 Jenny，微笑著說：「沒問題，這種類型的圖表稱為資訊圖。在我們的日常工作中，例如資料報告、年終總結、績效考核、產品發表、宣傳海報，甚至是求職履歷中都會使用到一些資訊圖。」

Jenny：「嗯嗯！」

1.1　什麼是資訊圖

Mr. P：「Jenny，我們先來了解一下，什麼是資訊圖。」

Jenny：「好的。」

Mr. P：「資訊圖，也稱為資訊圖表，它是資料、資訊的一種視覺化表現形式。它的主要作用就是讓受眾者更容易吸收和理解所呈現的資訊和內容，這也就是我們使用資訊圖的最主要目的。」

「如今，大家在面對大量文字資訊時的耐心越來越少，資訊圖作為一種簡單高效的表達方式，更容易被人理解與接受。」

「資訊圖的主體就是圖表，例如直條圖、圓形圖、折線圖等，它可以與其展示的資訊所代表的事物或相關的事物組成資訊圖，也可能是簡單的點、線或者是與展示資訊相關的基本圖形、圖示等元素。

圖 1-1 所示的三張資訊圖，就是展示資訊相關的基本圖形、圖示，與主題圖表組合形成的資訊圖。」

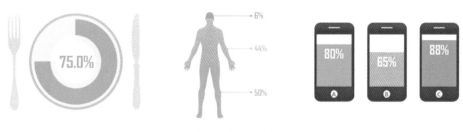

圖 1-1　資訊圖範例

Jenny：「哇！這些圖我喜歡。」

Mr.P：「嘿嘿！ Jenny，在我們的生活中，隨處都可以看到資訊圖的應用，如微信年度資料報告中使用的資訊圖，如圖 1-2 所示。

圖 1-2　微信年度資料報告

1.2 資訊圖的特點

1. 具吸引力

資訊圖相比普通圖表更具吸引力。在這個資訊爆炸的時代，富有吸引力的資訊圖可以將人們的閱讀意願提高近 80%。

例如圖 1-3 所示的資訊圖，透過具有視覺衝擊力的綠色足球場地加折線圖的方式，展現中國與冰島國家足球隊在國際足聯的排名變化情況。

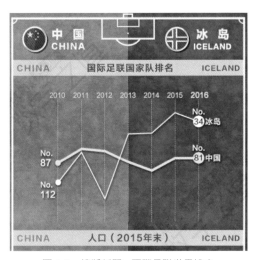

圖 1-3　搜狐新聞 - 國際足聯世界排名

2. 易於理解

資訊圖更容易理解和被記憶。相較於文字，人們能夠在短時間內記住更多內容。

例如圖 1-4 所示，左邊的文字和右邊圖表中的文字內容是完全一樣的，但右邊的資訊圖能讓我們更快、更易於理解文字所要表達的內容。

購物時間：
40-50歲集中在中午稍早時段購物，30-40歲購物行為集中在早晨與午後時段，30歲以下在晚間8-10點成交數佔總成交數13%，無愧於夜貓子稱號。

類型：
40-50歲以家庭生活為核心消費，處於轉型的30-40歲更重視商品實用性，30歲以下購物著重個別化。

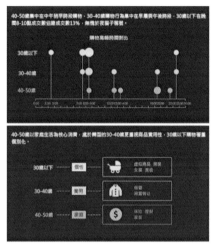

圖 1-4　淘寶資料報告

3. 方便分享轉載

在網路發達的時代，一張精美的資訊圖會增加分享、傳播的意願，這也是為什麼現在資訊圖發展如此快速的原因之一（參見圖 1-5）。

圖 1-5　方便分享轉載

1.3 資訊圖的分類

不同的功能就有不同的分類,從資料分析應用的角度,資訊圖可以分為六大類: KPI 達成分析、對比分析、結構分析、分佈分析、趨勢分析、轉化率分析,如圖 1-6 所示。

圖 1-6 資訊圖分類

1. KPI 達成分析

KPI(Key Performance Indicator),關鍵績效指標,是衡量工作人員工作績效表現的一種目標式量化管理指標,把企業的戰略目標分解為可操作的工作目標,為企業績效管理的基礎。

大部分的企業每年都會制定銷售目標。 KPI 達成分析,就是定期監控各 KPI 指標資料,讓領導者、管理者等相關人員及時了解 KPI 完成的進度,所以也稱為目標分析法。一般資料分析人員在撰寫月度或季度資料分析報告時,都需要使用 KPI 達成分析。

常見的 KPI 達成分析的資訊圖有手機圖、人形圖、滑珠圖、卡車圖、電池電量圖、五星評分圖、儀錶板、跑道圖和飛機圖等,如圖 1-7 所示。

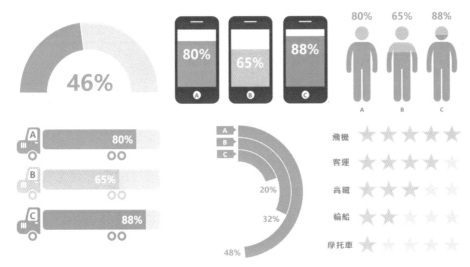

圖 1-7　KPI 達成分析資訊圖範例

2. 對比分析

對比分析，也稱為比較分析，它是指將兩個或者兩個以上的資料進行比較，分析它們的差異，展現事物發展變化情況和規律。從對比分析可以直觀地看出事物某方面的變化或差距，並且可以準確、量化表示這種變化或差距是多少。

對比分析常見的資訊圖有手指圓形圖、箭頭圖、排行圖、山峰圖、人形圖和雷達圖等，如圖 1-8 所示。

3. 結構分析

結構分析法，是指在分組的基礎上，計算各構成成分所占的比重，分析總體的內部構成特徵。這個分組主要是指定性分組，一般看結構，它的重點在於占整體的比重。結構分析法應用廣泛，例如使用者的性別結構、使用者的區域結構、使用者的產品結構等。

結構分析常見的資訊圖有趣味環圈圖、試管圖、人形堆疊圖、人形橫條圖、樹狀圖、放射圖和方塊堆疊圖等，如圖 1-9 所示。

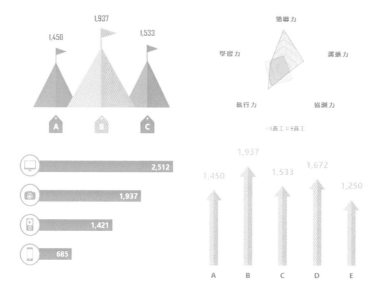

圖 1-8　對比分析資訊圖範例

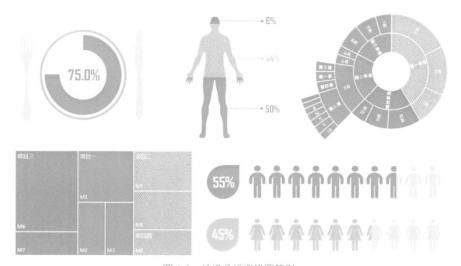

圖 1-9　結構分析資訊圖範例

4. 分佈分析

分佈分析是用於研究資料的分佈特徵和規律的一種分析方法。常見的資訊圖有長條圖、旋風圖、矩陣圖、XY 散佈圖、泡泡圖、地圖等，如圖 1-10 所示。

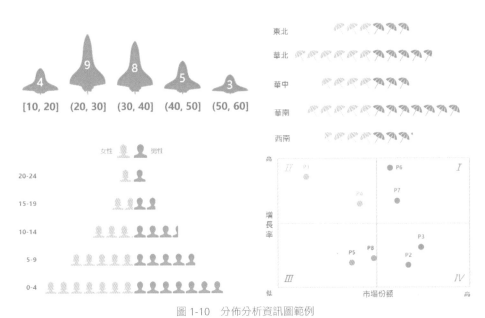

圖 1-10 分佈分析資訊圖範例

5. 趨勢分析

趨勢分析法應用在事物時間發展的延續性原理預測發展趨勢。它有一個前提假設：事物發展具有一定的連貫性，即事物過去隨時間發展變化的趨勢，也是今後該事物隨時間發展變化的趨勢。在這樣的前提假設下，才能進行趨勢預測分析。

趨勢分析常見的資訊圖有折線圖、面積圖、折線泡泡圖等，如圖 1-11 所示。

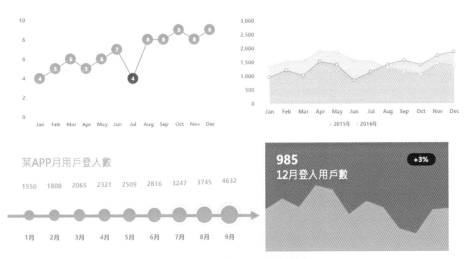

圖 1-11 趨勢分析資訊圖範例

6. 轉化率分析

轉化率分析是針對業務流程診斷的一種分析方法，透過對某些關鍵路徑轉化率的分析，可以更快地發現業務流程中存在的問題。轉化率分析常見的資訊圖有漏斗圖、WIFI圖等，如圖 1-12 所示。

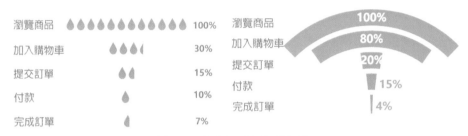

圖 1-12　轉化率分析資訊圖範例

1.4　資訊圖的繪製流程

Jenny 聽完後問：「那這些資訊圖具體如何繪製呢？需要使用專業的工具嗎？」

Mr.P：「不需要專業的工具，使用 Excel 就能夠繪製這些資訊圖。我們先來看看在 Excel 中繪製資訊圖的流程，大致可以分為 7 個步驟，如圖 1-13 所示，大部分資訊圖的繪製都可以參照這些步驟進行。」

圖 1-13　資訊圖繪製步驟

1. 確定目標

沒有明確目標的資訊圖是沒有意義的，好比老闆讓你撰寫報告，還沒告訴你目標是什麼，你就說我最近新學了很厲害的資訊圖，我就做這個！這樣肯定是有問題的。

資料分析的目標分為三大類：總結現狀、挖掘原因、預測趨勢，不同目標對應不同的資料分析方法，作為資料分析人員，一定要對目標了然於胸。

2. 選擇合適圖表

要根據所確定的目標，選擇合適的圖表進行展示。不是說繪製出一張圖就完事了，前提是這張圖能有效地解決你的問題，達到你確定的目標。

例如，希望展示項目之間的對比，可以考慮選擇直條圖、橫條圖等。再例如，希望展現項目之間的構成關係，可以考慮選擇圓形圖、環圈圖、樹狀圖等。

3. 數據準備

根據確定的目標去收集、準備用於繪製圖表所需的資料。有時候收集的資料還不能直接用於繪製圖表，需要進行相對應的處理，例如，增加儲存格資料如輔助列準備圖表繪製資料來源。

4. 繪製基礎圖表

大部分的資訊圖都不是在 Excel 中直接插入基礎圖表就得到的，而是在插入的 Excel 基礎圖表上，透過一些編輯、設定得到的。

例如，XY 散佈圖是在散點圖的基礎上繪製的，漏斗圖是在堆疊橫條圖的基礎上繪製的，儀錶板是在環圈圖的基礎上繪製的。所以要先繪製出對應的基礎圖表，然後才能繼續進行編輯、設定，以得到我們想要的資訊圖。

5. 圖表處理

正如剛才所說，大部分的資訊圖都是建立在 Excel 基礎圖表上，透過一些編輯、設定得到的。例如，調整資料數列的位置、調整資料數列之間的間距、增加資料標籤等圖表處理操作，使得圖表向我們所需的資訊圖進一步轉化、靠攏。

6. 美化圖表

美化圖表是指透過對圖表元素的一些操作設定，使圖表更加美觀。美化圖表常用的操作包括：

★去除一些不必要的元素，例如格線、圖表區和繪圖區的邊框與填色、圖表標題、圖例等。

★淡化一些非主要元素，例如，將座標軸標籤字體顏色設定為灰色等。

★使用同一種顏色設定圖表中相關元素的色彩，避免使用多種顏色，顏色越多就越沒有重點。

7. 圖示素材與圖表組合

最後一步就是將圖示素材與圖表進行組合，以得到一張完整的資訊圖。應盡可能地選擇與圖表主題相關的圖示素材，這樣可以使資訊圖更加生動形象，使受眾更容易理解圖表所要展現的主題，這也是資訊圖被大家喜愛的主要原因。

圖示素材可以直接設定為與圖表主色相同的填色，然後與圖表組合，使其有一種圖示與圖表融為一體的感覺。如果沒有合適的圖示，也可以透過插入【形狀】的方法手動繪製相對應的圖示素材，後續會有相關的範例介紹。

以上為使用 Excel 繪製資訊圖的 7 個主要步驟，其中第 6 步與第 7 步可以根據實際情況調整順序，並非一成不變的。

Jenny：「好的。」

1.5　Excel 圖表元素

Mr.P：「為了使後續學習使用 Excel 繪製資訊圖的過程更輕鬆，我們先來了解 Excel 圖表由哪些主要圖表元素組成，如圖 1-14 所示。」

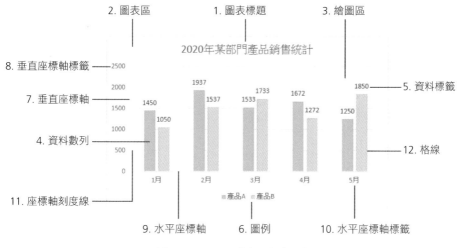

圖 1-14　Excel 圖表主要組成元素

1. 圖表標題

圖表標題用於簡單概括圖表所展示的主題，一般位於圖的正上方。

2. 圖表區

圖表區是建立圖表後所產生的圖表區域，與此圖表有關的所有元素都展示在這個區域之內，圖表區主要分為圖表標題、圖例、繪圖區三個大的組成部分。

3. 繪圖區

繪圖區是指圖形繪製、展示的範圍區域，也就是圖 1-14 中灰色網底的區域。繪圖區主要包括資料數列、資料標籤、座標軸、格線等元素。

4. 資料數列

資料數列就是用來產生圖表的幾組資料，一組資料就是一個 "數列"（Series），它對應工作表中的一行或者一列資料，如果有多組資料就有多個數列。例如圖 1-14 所示的直條圖中就有兩個資料數列，"產品 A" 和 "產品 B"。

圖表中的資料數列通常是指某個數列的具體圖形，對於直條圖就是其中的矩形柱子，對於橫條圖就是其中的矩形橫條，對於折線圖就是其中的線條，對於散點圖就是其中的資料點，對於圓形圖就是其中的磁區。

資料數列由資料點組成，資料數列對應工作表中的一行或者一列資料，每個數據點則對應一行或者一列中儲存格的資料。按一下資料數列可以選中這個資料數列，也就是同時選中這個資料數列內的所有數據點，按兩下資料數列則只選中某個資料點。

5. 資料標籤

資料標籤是資料數列上直接標識每個資料大小的數值標籤，以便了解圖中資料的具體數值。資料標籤一般預設是不展示出來的，需要手動增加資料標籤。

6. 圖例

圖例是用於顯示資料數列的具體樣式（包括填色、邊框色、線條色、效果等）和相對應資料數列名稱的範例，以便快速地識別出圖表中每個資料數列所代表的含義。當圖表中只有一個資料數列時，圖例可去除。當圖表中有多個資料數列時，圖例就發揮出它的作用了。

7. 垂直座標軸

垂直座標軸也就是 Y 軸，通常為數值座標軸，用於確定圖表中垂直座標軸的最小、最大刻度值。按位置不同可分為主垂直座標軸和次垂直座標軸，預設繪圖區左邊為主垂直座標軸。但遇到兩個及兩個以上資料數列且單位與量級不一致時，可以考慮增加使用次垂直座標軸進行資料展現。

8. 垂直座標軸標籤

在垂直座標軸上面用來標識刻度的數值標籤。

9. 水平座標軸

水平座標軸也就是 X 軸，通常為類別座標軸，用於顯示分類類別資訊，也可以是時間軸、數值座標軸，用於顯示時間、日期、數值資訊。

按位置不同可分為主水平座標軸和次水平座標軸，預設繪圖區下方為主水平座標軸。日常工作中通常使用的是主水平座標軸，次水平座標軸比較少用到。

10. 水平座標軸標籤

在水平座標軸上用來標識刻度或資料類別的數值或字元標籤。

11. 座標軸刻度線

刻度線是座標軸上標明刻度位置的小線段，它的延長線就是格線。刻度線可以隱藏，也可以設定與座標軸不同的交叉方式（內部、外部、交叉）。

12. 格線

格線就是座標軸刻度的延長顯示線，以整個繪圖區域為寬度或長度。格線分成主要格線和次要格線，與座標軸上的主要刻度和次要刻度分別對應。

1.6　本章小結

Mr.P 端起水杯喝了口水：Jenny，今天就先學習到這裡，我們一起來回顧今天所學的內容：

1) 了解什麼是資訊圖。

2) 了解資訊圖的特點。

3) 了解資訊圖的分類。

4) 了解資訊圖繪製流程。

5) 了解 Excel 圖表主要組成元素。

要記住，資訊圖不僅是資訊的視覺化，更是重構資訊的重要工具。透過簡單明瞭的圖形傳遞資料、溝通與表達的重點，是職場中必備的技能。優秀的資訊圖能夠以清晰、精確和高效的方式傳達資訊。

Jenny：嗯，晚上我就去複習今天學習的資訊圖內容。Mr.P，辛苦了！

2

KPI 達成分析

公司年會後就是元旦假期，假期期間 Jenny 認真複習資訊圖簡介，上班後 Jenny 就來找 Mr.P 了。

Jenny 笑眯眯地說：「Mr.P，新年好！我們可以開始學習資訊圖繪製的方法了嗎？」

Mr.P 開心地回應：「新年好，剛好介紹第一種常用的資訊圖——KPI 達成分析圖吧！」

「KPI 達成分析以圖表的形式為主（如圖 2-1 所示），圖表可更直觀、清晰地表達當前資料的現狀，常見的 KPI 達成分析的資訊圖有手機圖、人形圖表、滑珠圖、卡車圖、電池圖、五星評分圖、儀錶板、跑道圖和飛機圖等，可以根據實際需要來選擇相對應的圖形。

圖 2-1　KPI 達成分析

在繪製這些資訊圖之前，先將它拆解還原，搞清楚這些資訊圖的基礎圖表是哪些。例如 KPI 達成分析這類的資訊圖，它的基礎圖表主要是直條圖、橫條圖、環圈圖，繪製好基礎圖表後，再進行加工美化。

下面開始學習 KPI 達成分析類資訊圖在 Excel 中的詳細繪製方法吧。」

Jenny：「好的。」

2.1　手機圖

Mr.P：「手機圖是 KPI 達成分析常使用的一種圖形，用於反映業務目標完成情況，可以生動地展現業務目標完成情況、完成的進度。

Jenny，圖 2-2 所示即常見的手機圖，它的基礎圖表就是由直條圖演變而成的。」

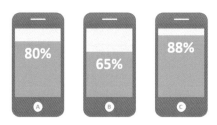

圖 2-2　手機圖示例

Jenny 驚嘆：「這個原來是直條圖啊，真的是 Excel 繪製的嗎？怎麼一點都看不出來呢？」

Mr.P：「我先將它拆解還原，你一眼就能看出來了，實際上這個手機圖是用手機圖示素材和直條圖組合而成的，如圖 2-3 所示。」

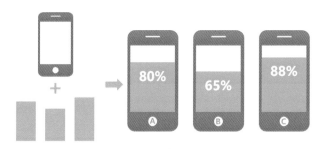

圖 2-3　手機圖拆解還原示例

「下面我們來學習在 Excel 中如何繪製手機圖。因為我們已經確定了需要繪製 KPI 達成分析類的資訊圖，並且要繪製手機圖，根據資訊圖繪製步驟，第一步、第二步已經明確了，所以我們就直接進入資料準備階段。」

STEP 01　數據準備

根據公司 A、B、C 專案今年實際完成值與其對應的年度目標計算出 A、B、C 專案的達成率，並列出每個專案的年度目標比值為 100%，如圖 2-4 所示，KPI 達成分析一般使用類似這樣的資料繪製資訊圖。

STEP 02　繪製基礎圖表

繪製直條圖，選擇資料表中 A1:C4 儲存格區域資料，按一下【插入】選項，在【圖表】組中按一下【插入直條圖或橫條圖】中的【平面直條圖】，產生的圖表如圖 2-5 所示。

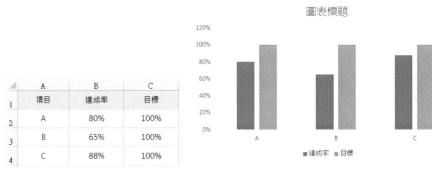

	A	B	C
1	項目	達成率	目標
2	A	80%	100%
3	B	65%	100%
4	C	88%	100%

圖 2-4　年度 KPI 完成率資料

圖 2-5　手機圖繪製過程 1

STEP 03　**圖表處理**

1) 這裡需要將 "達成率" 和 "目標" 兩個數列直條圖重疊，可以更直覺地看到專案達成情況：用滑鼠按右鍵任意直條圖，從快顯功能表中選擇【資料數列格式】，如圖 2-6 所示，在彈出的【資料數列格式】對話方塊中將【數列選項】中的【數列重疊】改為 "100%"，如圖 2-7 所示。

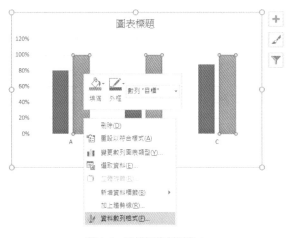

圖 2-6　手機圖繪製過程 2

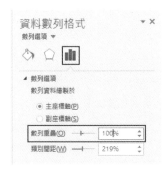

圖 2-7　【資料數列格式】對話方塊

2) 設定完成後，得到的直條圖如圖 2-8 所示，但是 "達成率" 數列直條圖被 "目標" 數列直條圖遮住了。

這時只需將 "達成率" 數列與 "目標" 數列順序調整一下：用滑鼠按右鍵任意直條圖，從快顯功能表中選擇【選取資料】，在彈出的【選取資料來源】對話方塊的【圖例項目（數列）】中選中【達成率】數列，按一下【往下移】箭頭，按一下【確定】按鈕，如圖 2-9 所示。

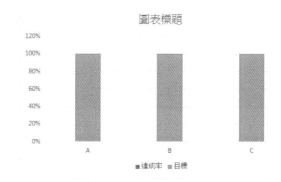

圖 2-8　手機圖繪製過程 3

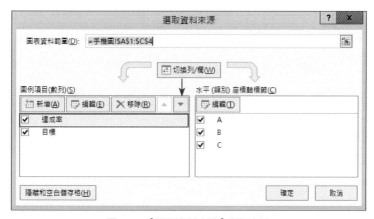

圖 2-9　【選取資料來源】對話方塊

3)　新增資料標籤並調整標籤位置：用滑鼠按右鍵
"達成率"數列的任意直條圖，選擇【新增資料
標籤】中的【新增資料標籤】。然後用滑鼠按右
鍵直條圖上剛增加的任意資料標籤，選擇【資料
標籤格式】，在彈出的【資料標籤格式】對話方
塊中【標籤位置】裡的【標籤位置】中選中【終
點內側】，如圖 2-10 所示。

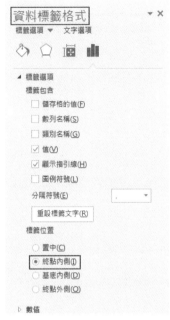

圖 2-10　【資料標籤格式】對話方塊

STEP 04　美化圖表

1)　刪除圖表多餘元素：用滑鼠分別選中"圖表標題"、"格線"、"Y軸"、"圖例"，
直接按 Delete 鍵刪除即可。

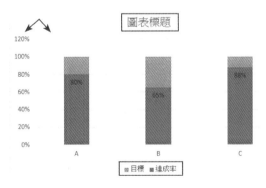

圖 2-11　刪除多餘元素

2) 將座標軸框線、圖表框線和填色均設定為無,這樣操作的好處就是當需要在 PPT 或其他地方使用圖表時,圖表可以較好地與背景融合。

　① X 軸的框線設定為無:用滑鼠按右鍵 X 軸,選擇【座標軸格式】,在彈出的【座標軸格式】對話方塊【座標軸選項】中的【填滿與框線】中,對【填滿】【線條】兩項分別選擇【無填滿】【無線條】,如圖 2-12 所示。

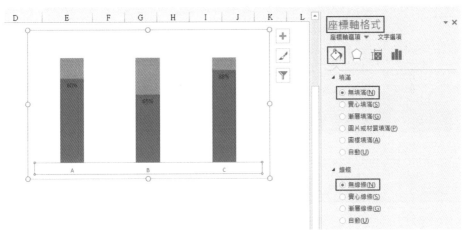

圖 2-12　【座標軸格式】對話方塊

　② 繪圖區框線和填色都設定為無:用滑鼠按右鍵繪圖區中任意空白處,選擇【繪圖區格式】,在彈出的【繪圖區格式】對話框【繪圖區選項】中對【填滿】【框線】兩項,分別選擇【無填滿】【無線條】,如圖 2-13 所示。

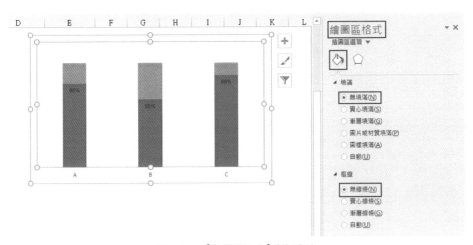

圖 2-13　【繪圖區格式】對話方塊

③ 圖表區框線和填滿都設定為無：用滑鼠按右鍵圖表區中任意空白處，選擇【圖
表區格式】，在彈出的【圖表區格式】對話方塊【圖表選項】中對【填滿】【框
線】兩項，分別選擇【無填滿】【無線條】，如圖 2-14 所示。

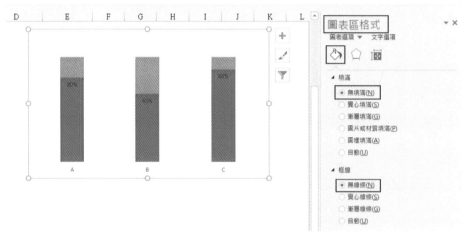

圖 2-14　【圖表區格式】對話方塊

④ 根據實際需要調整柱形寬度：用滑鼠按右鍵任意直條圖，選擇【資料數列格
式】，在彈出的【資料數列格式】對話方塊【數列選項】中將【類別間距】設
定為 "50%"，如圖 2-15 所示。

圖 2-15　【資料數列格式】對話方塊

⑤ 直條圖顏色美化：用滑鼠按右鍵任意直條圖，選擇【資料數列格式】，在彈出的【資料數列格式】對話方塊的【填滿】中按一下【顏色】的向下箭頭，如圖 2-16 所示，按一下【其他顏色】，顏色模式選擇【RGB】，在【紅色 R】【綠色 G】【藍色 B】的數值框內分別填上 "54"、"188"、"155"，然後按一下【確定】按鈕，如圖 2-17 所示。

圖 2-16 　【資料數列格式】對話方塊　　　　圖 2-17 　【顏色】對話方塊

⑥ 設定 "目標" 數列直條圖為無填滿或只留淺色框線做輔助線即可：用滑鼠按右鍵任意 "目標" 數列直條圖，從快顯功能表中選擇【資料數列格式】，在彈出的【資料數列格式】對話方塊的【填滿】欄中選擇【無填滿】，【框線】欄選擇【實心線條】，如圖 2-18 所示，框線【顏色】選擇淺灰色（RGB：191，191，191）。

圖 2-18 　【資料數列格式】對話方塊

3) 設定 X 軸和資料標籤的大小、字體、顏色：將 X 軸標籤字型大小設定為 "16" 並選中 "加粗"，字體設定為 "微軟正黑體"，字體顏色設定為深灰色（RGB：127，127，127）。將資料標籤字型大小設定為 "24" 並選中 "加粗"，字體設定為 "微軟正黑體"，字體顏色設定為白色，設定完成後的效果如圖 2-19 所示。

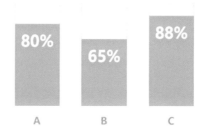

圖 2-19　美化圖表，設定字體、大小、顏色

STEP 05　圖示素材與圖表組合

1) 素材準備：需要準備 1 張手機圖示素材，如圖 2-20 所示。

2) 將手機圖示素材移動至與 "目標" 數列直條圖框線重疊，調整完成後組合到一起，手機圖就繪製完成了。

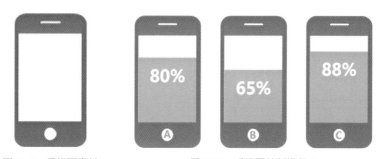

圖 2-20　手機圖素材　　　　圖 2-21　手機圖繪製過程 4

Mr.P：「還可以根據需要將直條圖設定成不同顏色，如圖 2-22 所示，將項目 B、項目 C 分別設定成黃色（RGB：246，187，67）和藍色（RGB：59，174，218）。」

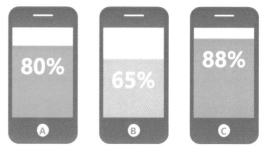

圖 2-22　手機圖繪製過程 5

Jenny：「原來手機圖是這樣繪製出來的，我也動手練習一下。」

Jenny 做好了圖後，開心地和 Mr.P 說：「原來繪製手機圖用到的技能都非常簡單實用呢！」

Mr.P 叮囑道：「再簡單的技巧也需要反覆練習，可以發揮自己的想像力，這種圖表可以更改成多種形式的填滿圖，非常實用。這個範例是用手機圖示範，你也可以換成電腦、電視等，根據實際需要調整即可。」

2.2　人形圖表

Mr.P：「Jenny，接下來將學習 KPI 達成分析第二個資訊圖——人形圖表。

人形圖表通常用在展示和比對人員的目標達成情況，例如各銷售經理的銷售達成情況對比，如圖 2-23 所示，綠色填色的高度代表銷售達成率，當整個人形都被綠色填滿時，代表目標達成。」

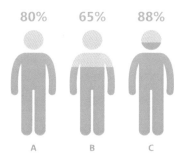

圖 2-23　人形圖表示例

Jenny：「Mr.P，這個人形圖表非常直觀啊，這個也是直條圖演變成的吧？」

Mr.P：「是的，這叫人形圖表，運用在直條圖的基礎上，使用人形的圖示作為輔助圖形填滿結合而成。

同樣，我們先將它還原拆解，方便我們了解其構成，如圖 2-24 所示。」

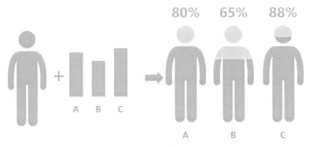

圖 2-24　人形圖表拆解還原

Jenny：「咦？這不是和手機圖的拆解效果一樣嗎？只是圖示不一樣。」

Mr.P：「哈哈，沒錯，人形圖表和手機圖一樣，拆解還原後都是直條圖。人形圖表 ▊STEP 01 - ▊STEP 04 繪製步驟和手機圖都一樣，這裡就不再重複了，直接在手機圖 ▊STEP 01 - ▊STEP 04 完成的圖表基礎上繼續操作，如圖 2-25 所示。

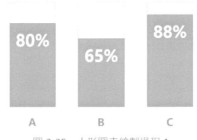

圖 2-25　人形圖表繪製過程 1

下面我們介紹人形圖表示素材與直條圖在 Excel 裡是如何組合的。」

▊STEP 05　圖示素材與圖表組合

1)　素材準備：需要準備兩個人形圖表示素材，如圖 2-26 所示，灰色人形用來填滿替換 "目標" 數列直條圖，綠色人形用來填滿替換 "達成率" 數列直條圖。

2)　使用人形素材替換 "達成率" 和 "目標" 兩列直條圖：

　　① 用灰色人形替換 "目標" 數列直條圖：按一下選中灰色人形素材，按 "Ctrl+C" 複製，按一下選中 "目標" 數列直條圖，按 "Ctrl+V" 貼上，設定完成後的效果如圖 2-27 所示。

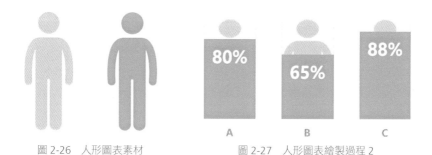

圖 2-26　人形圖表素材　　　　圖 2-27　人形圖表繪製過程 2

② 用綠色人形替換"達成率"數列直條圖：按一下選中綠色人形素材，按
"Ctrl+C" 複製，按一下選中"達成率"數列直條圖，按"Ctrl+V"貼上，
設定完成後的效果如圖 2-28 所示。

3) 透過調整圖形堆疊且縮放，使兩個人形重疊在一起，展示實際達成率完成情況：
用滑鼠按右鍵綠色填滿的"目標"數列直條圖，選擇【資料數列格式】，在彈出
的【資料數列格式】對話方塊的【數列選項】中按一下【圖片或材質填滿】，選
中【堆疊且縮放】，如圖 2-29 所示。

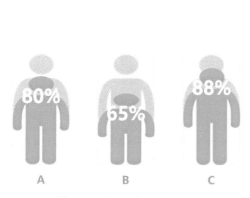

圖 2-28　人形圖表繪製過程 3

圖 2-29　【資料數列格式】對話方塊

4) 去除 "目標" 數列框線：用滑鼠按右鍵 "目標" 數列，選擇【資料數列格式】，對彈出的【資料數列格式】對話方塊【數列選項】中的【框線】，選擇【無線條】，如圖 2-30 所示，設定完成後的效果如圖 2-31 所示。

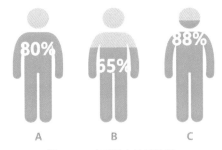

圖 2-30　對【框線】選擇【無線條】　　　　圖 2-31　人形圖表繪製過程 4

5) 調整資料標籤，使資料標籤展示在人形的上方。

① 按一下選中人形圖表上的資料標籤，按 Delete 鍵刪除。

② 為 "目標" 數列人形新增資料標籤：用滑鼠按右鍵 "目標" 數列人形，選擇【新增資料標籤】中的【新增資料標籤】，設定完成後的效果如圖 2-32 所示。

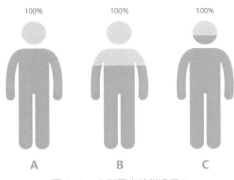

圖 2-32　人形圖表繪製過程 5

Jenny：「不對啊，我們要展示的是 "達成率" 的資料吧？現在數值全部是 100% 了。」

Mr.P：「是的，這就是我將要教你的一個小技巧，可以設定任何需要展示的資料。」

③ 展示 "達成率" 的數據：用滑鼠按右鍵任意 "100%" 資料標籤，選擇【資料
標籤格式】，在彈出的【資料標籤格式】對話方塊的【標籤位置】中勾選【儲
存格的值】核取方塊，如圖 2-33 所示，在彈出的【資料標籤區域】輸入框中，
選擇 "達成率" 所在的資料儲存格區域 B2:B4。效果如圖 2-34 所示。

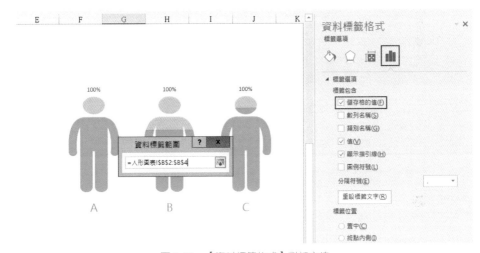

圖 2-33　【資料標籤格式】對話方塊

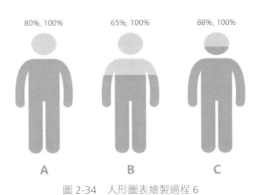

圖 2-34　人形圖表繪製過程 6

再將"目標"數列的標籤值"100%"去除：在【資料標籤格式】對話方塊的【標籤位置】中去除勾選【值】核取方塊，如圖 2-35 所示，這樣資料標籤就變更為"達成率"的數值了。

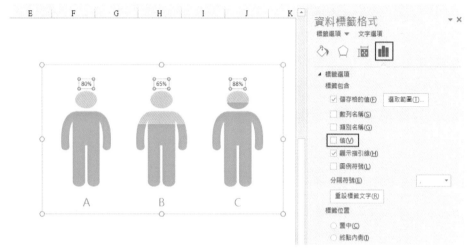

圖 2-35　【資料標籤格式】對話方塊

NOTE　【資料標籤格式】對話方塊【標籤位置】中【儲存格的值】自訂資料標籤這個功能在 Excel 2013 及以上版本的 xlsx 檔中才能使用，否則就算使用 Excel 2013 及以上版本，若檔案格式是 xls 檔，依舊無法使用該功能。

6) 美化圖表：

① 將直條圖分類間距【類別間距】設定為"30%"。

② 將資料標籤的字體設定為"微軟正黑體"，字型大小設定為"24"並選中"加粗"，字體顏色設定為綠色（RGB：54，188，155）。

③ 將 X 軸的【線條】選項設定為【無線條】。

Mr.P：「大功告成，如圖 2-36 所示，一張人形圖表就繪製完成了！」

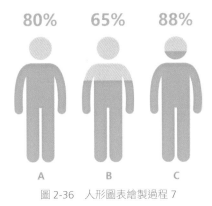

圖 2-36　人形圖表繪製過程 7

Jenny：「太棒了，圖表很生動。」

2.3　滑珠圖

Mr.P：「接下來將學習 KPI 達成分析的第三個資訊圖——滑珠圖。

滑珠圖就像算盤一樣，小圓珠在直條桿上滑動，如圖 2-37 所示，滑珠圖透過這個綠色填滿圓珠的高度來呈現 KPI 達成情況，高度位置隨著達成率數值變化而移動，清晰直覺地展示專案的 KPI 完成進度。」

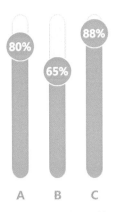

圖 2-37　滑珠圖示例

Jenny：「這張圖的基礎圖表是直條圖吧，但是上面的小圓珠是怎麼畫上去的呢？」

Mr.P：「滑珠圖的基礎圖表其實是線柱圖，為了方便理解，我們還是先將它拆解還原一下。還原後的滑珠圖是這樣的，綠色填色代表實際達成率，灰色柱形代表目標，折線圖中的資料標記用於定位滑珠位置，滑珠是用綠色填滿圓形素材貼上替換折線圖中的資料標記得到的，如圖 2-38 所示。」

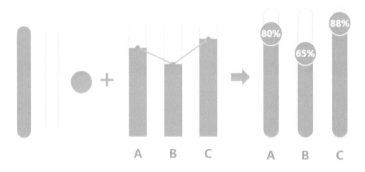

圖 2-38　滑珠圖拆解還原

「這個線柱圖就是在直條圖的基礎上增加一條折線，繪製直條圖的方法已在手機圖部分介紹過，「STEP 01」、「STEP 02」兩個步驟與手機圖一樣，這裡就不再重複了，直接在手機圖「STEP 01 - 「STEP 02 完成的圖表基礎上繼續操作，如圖 2-39 所示。」

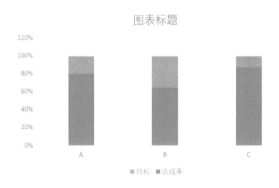

圖 2-39　滑珠圖繪製過程 1

STEP 03 **圖表處理**

1) 直條圖完成後，需要在直條圖上再增加一個 "達成率" 資料數列，用於繪製折線圖：用滑鼠按右鍵任意直條圖，選擇【選取資料】，在彈出的【選取資料來源】對話方塊【圖例項目（數列）】中按一下【增加】，如圖 2-40 所示，【數列名稱】選擇 "達成率"，【數列值】選擇 B2:B4 儲存格區域，按一下【確定】按鈕，增加新數列資料的圖表如圖 2-41 所示。

2) 將新增加的 "達成率" 數列的直條圖更改為折線：用滑鼠按右鍵新增加的 "達成率" 直條圖，選擇【變更數列圖表類型】，在彈出的【變更圖表類型】對話方塊中，將新的 "達成率" 數列的【圖表類型】更改成【含有資料標記的折線圖】，如圖 2-42 所示，按一下【確定】按鈕，設定完成後的效果如圖 2-43 所示。

圖 2-40 【選取資料來源】對話方塊

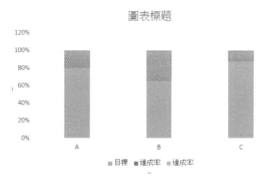

圖 2-41 滑珠圖繪製過程 2

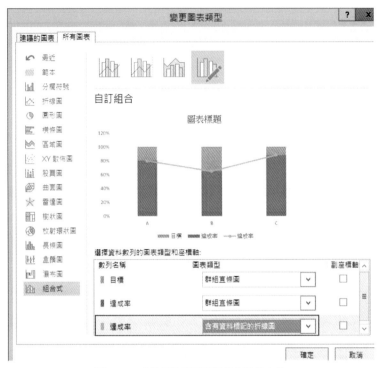

圖 2-42　【變更數列圖表類型】對話方塊

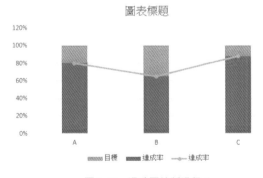

圖 2-43　滑珠圖繪製過程 3

^{STEP}04 **美化圖表**

刪除圖表多餘元素：分別選中"圖表標題"、"格線"、"Y 軸"、"圖例"，直接按 Delete 鍵刪除，將座標軸框線、圖表區框線和填滿均設定為無，設定完成後的效果如圖 2-44 所示。

^{STEP}05 **圖示素材與圖表結合**

1) 準備好相關素材，需要準備 1 個綠色填滿圓邊長條素材，1 個灰色填滿圓邊長條素材，1 個綠色填滿圓形素材，如圖 2-45 所示。

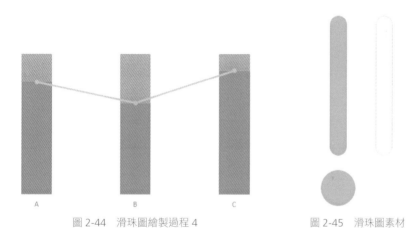

圖 2-44　滑珠圖繪製過程 4　　　　　　圖 2-45　滑珠圖素材

2) 使用素材更改替換"目標"和"達成率"數列：

① 選中灰色圓邊長條素材，按"Ctrl+C"複製，按一下"目標"數列任意直條圖，按"Ctrl+V"貼上。選中綠色圓邊長條素材，按"Ctrl+C"複製，按一下"達成率"數列任意直條圖，按"Ctrl+V"貼上，設定完成後的效果如圖 2-46 所示。

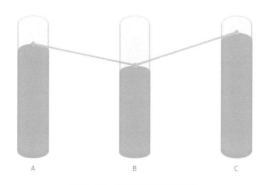

圖 2-46　滑珠圖繪製過程 5

② 調整綠色直條圖的填滿方式為【堆疊且縮放】展示實際達成率的數值大小，直條圖的【堆疊且縮放】填滿方式的設定方法在繪製人形圖表時已詳細介紹，這裡不再贅述，設定完成後的效果如圖 2-47 所示。

③ 選中綠色圓形素材，按 "Ctrl+C" 複製，按一下折線上的圓點，按 "Ctrl+V" 貼上，用滑鼠按右鍵折線，選擇【資料數列格式】，在彈出的【資料數列格式】對話方塊【數列選項】中對【線條】選擇【無線條】，如圖 2-48 所示。

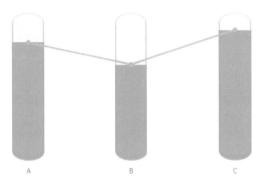

圖 2-47　滑珠圖繪製過程 6

圖 2-48　【資料數列格式】對話方塊

④ 用滑鼠按右鍵選中圓珠，選擇【新增資料標籤】，用滑鼠按右鍵圖表上剛增加的【資料標籤】，選擇【設定標籤資料格式】，將彈出的【設定標籤資料格式】對話方塊的【標籤位置】設定為【居中】，設定完成後的效果如圖 2-49 所示。

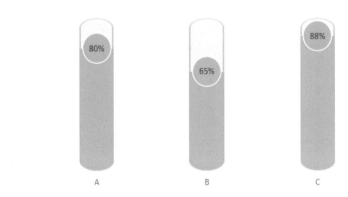

圖 2-49　滑珠圖繪製過程 7

3) 調整直條圖寬度：選中圖表，將滑鼠游標移至圖表右側中間的小圓點上，按住滑鼠左鍵往左拖動調整圖表寬度，將圖表寬度變小，如圖 2-50 所示。然後調整直條圖分類間距，設定直條圖的【類別間距】為 "120%"，設定完成後的效果如圖 2-51 所示。

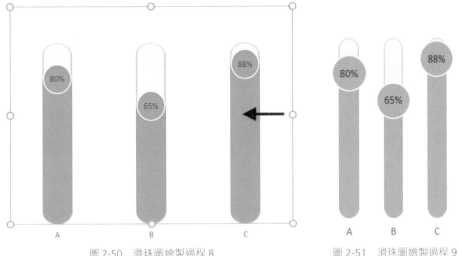

圖 2-50　滑珠圖繪製過程 8　　　　　　　　圖 2-51　滑珠圖繪製過程 9

4) 美化資料標籤和 X 軸：選中 X 軸，將字體設定為 "微軟正黑體"，字型大小設定為 "16" 並選中 "加粗"，顏色設定為深灰色（RGB：127，127，127）。選中滑珠上的資料標籤，調整字體為 "微軟正黑體"，字型大小設定為 "12" 並選中 "加粗"，顏色設定為白色，設定完成後的效果如圖 2-52 所示。

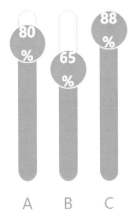

圖 2-52　滑珠圖繪製過程 10

Jenny 指著圓珠上的標籤問道：「咦，資料標籤自動換行了，這樣不好看啊，怎麼設定才能不換行呢？」

Mr.P 邊說邊操作：「這個不難，用滑鼠按右鍵資料標籤，選擇【資料標籤格式】，在彈出的【資料標籤格式】對話方塊【標籤位置】中按一下【大小與屬性】，在【對齊】下，去除勾選【圖案的文字自動換行】核取方塊，如圖 2-53 所示。」

圖 2-53　【資料標籤格式】對話方塊

Mr.P：「滑珠圖就繪製完成了（如圖 2-54 所示），同樣還可以根據需要將專案 B、專案 C 的顏色分別設定成黃色（RGB：246，187，67）和藍色（RGB：59，174，218），設定完成後的效果如圖 2-55。」所示。

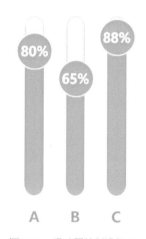

圖 2-54　滑珠圖繪製過程 11

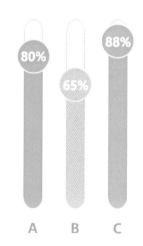

圖 2-55　滑珠圖繪製過程 12

2.4　卡車圖

Mr.P：「接下來將學習 KPI 達成分析的第四個資訊圖——卡車圖。

卡車圖透過橫條圖和卡車頭、輪胎圖示素材的組合，讓圖表更加直覺和具有形象性，例如，當我們想要展示不同車隊的目標達成情況時，就可以使用卡車圖，如圖 2-56 所示。」

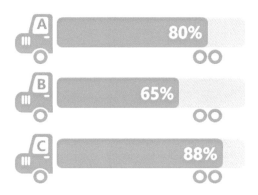

圖 2-56　卡車圖示例

Mr.P：「這類圖表和圖示素材的組合非常實用，並不局限於卡車的樣子。根據需要選擇其他圖示素材進行組合，目的就是讓圖表更加直覺地展現我們需要傳遞的資訊。

下面我們來拆解還原一下卡車圖，如圖 2-57 所示，彩色填滿代表實際達成率，灰色填滿代表目標。」

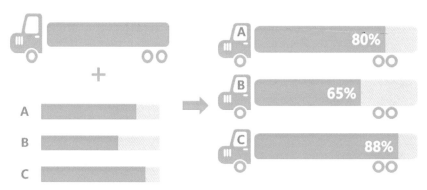

圖 2-57　卡車圖拆解還原示例

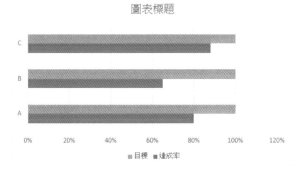

STEP 01　數據準備

繼續使用手機圖的各專案 KPI 資料（參見圖 2-4）進行卡車圖繪製。

STEP 02　繪製橫條圖

選擇表中 A1:C4 儲存格區域資料，按一下【插入】選項，在【圖表】組中按一下【插入直條圖或橫條圖】中的【群組橫條圖】，產生的圖表如圖 2-58 所示。

圖 2-58　卡車圖繪製過程 1

STEP 03　圖表處理

1) 將橫條圖的兩個數列條形重疊，具體方法與手機圖將兩個直條圖重疊類似：設定【數列重疊】為 "100%"，並透過【選取資料來源】對話方塊調整 "達成率" 數列與 "目標" 數列順序，使得 "達成率" 數列的條形在 "目標" 數列條形上方顯示，設定完成後的效果如圖 2-59 所示。

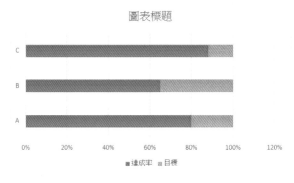

圖 2-59　卡車圖繪製過程 2

Mr.P 突然提問：「Jenny，這裡圖表中專案的排列方式是從上到下依次為 C-B-A，但是我們想讓它反過來，按 A-B-C 排列該怎麼辦呢？」

Jenny 信心滿滿地回答：「這個難不倒我，可以使用【類別次序反轉】的功能。」

Mr.P 滿意地點了點頭：「是的，【類別次序反轉】可以調整座標軸專案的排列順序，操作也很簡單。用滑鼠按右鍵縱座標軸，選擇【座標軸格式】，在彈出的【座標軸格式】對話方塊【座標軸選項】中勾選【類別次序反轉】核取方塊，如圖 2-60 所示。」

2) 用滑鼠按右鍵 "達成率" 數列直條圖，選擇【新增資料標籤】，用滑鼠按右鍵橫條圖上剛增加的資料標籤，選擇【資料標籤格式】，在【資料標籤格式】對話方塊中設定【標籤位置】為【終點內側】，如圖 2-61 所示。

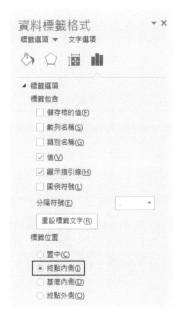

圖 2-60　【座標軸格式】對話方塊　　　　圖 2-61　【資料標籤格式】對話方塊

STEP 03　**美化圖表**

1) 刪除多餘元素：按 Delete 鍵刪除"圖表標題""格線""X 軸""Y 軸""圖例"，將圖表區和繪圖區的框線和填滿均設定為無。

2) 將資料標籤字體設定為"微軟正黑體"，字型大小設定為"18"並選中"加粗"，顏色設定為白色，設定完成後的效果如圖 2-62 所示。

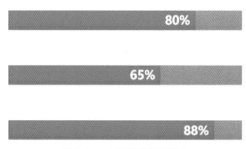

圖 2-62　卡車圖繪製過程 3

3) 設定橫條圖分類間距：設定條形【類別間距】為 100%，讓項目條形間距離近一點。

STEP 05　**圖示素材與圖表組合**

1) 準備好相關素材：綠色卡車頭形狀的圖示素材、綠色車輪、灰色圓角長方形和綠色圓角長方形，如圖 2-63 所示。

2) 選中灰色圓角長方形素材，按"Ctrl+C"複製，然後選中"目標"數列，按"Ctrl+V"貼上。選中綠色圓角長方形素材，按"Ctrl+C"複製，然後選中"達成率"數列，按"Ctrl+V"貼上，將綠色條形的填滿設定為【堆疊且縮放】，設定完成後的效果如圖 2-64 所示。

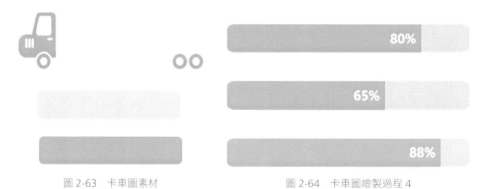

圖 2-63　卡車圖素材　　　　　　　　圖 2-64　卡車圖繪製過程 4

3) 將 "綠色卡車頭圖示" "綠色車輪" 素材移至第一個條形的相對應位置，進行拼圖組合成卡車，如圖 2-65 所示。選中 "綠色卡車頭圖示" "綠色車輪" 素材後按 "Ctrl+C" 複製，再按 "Ctrl+V" 貼上，複製貼上出兩組一樣的 "綠色卡車頭圖示" "綠色車輪" 素材，並移至另兩個條形的相對應位置，進行拼圖組合成卡車，設定完成後的效果如圖 2-66 所示。

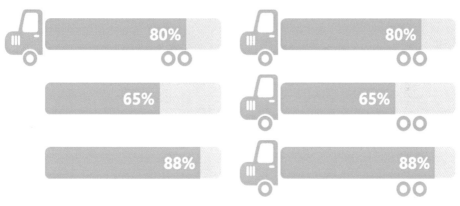

圖 2-65　卡車圖繪製過程 5　　　　　圖 2-66　卡車圖繪製過程 6

4) 增加項目名稱的文字方塊：按一下【插入】選項，在【文字】組中選擇【文字方塊】，在文字方塊中輸入 "A"，將其移動到卡車頭窗戶位置，並設定字體為 "微軟正黑體"，字型大小設定為 "14" 並選中 "加粗"，顏色設定為深灰色（RGB：127，127，127）。複製調整後的 "A" 文字方塊並貼上兩個，分別輸入項目名稱 "B" 和 "C"。

最後，將所有元素組合到一起，設定完成後的效果如圖 2-67 所示。

Mr.P：「好了，一張卡車圖就繪製完成了，我們也可以根據需要，將卡車 B、卡車 C 的顏色分別設定成黃色（RGB：246，187，67）和藍色（RGB：59，174，218），設定完成後的效果如圖 2-68 所示。」

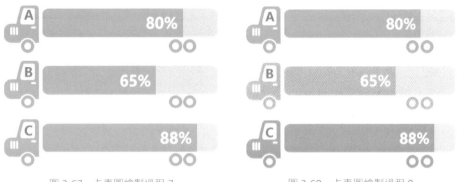

圖 2-67　卡車圖繪製過程 7　　　　　　　　圖 2-68　卡車圖繪製過程 8

Jenny：「好酷呀！」

2.5　電池圖

Mr.P：「Jenny，我們繼續學習 KPI 達成類資訊圖——電池圖，電池圖是透過電量的多少來展示和對比 KPI 達成情況的資訊圖，很有趣，實用性也很高，如圖 2-69 所示。」

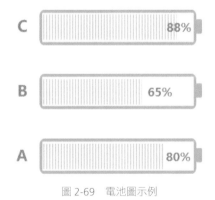

圖 2-69　電池圖示例

Jenny：「經過前面的學習，我知道繪製資訊圖需要先拆解還原它的基礎圖，這個電池圖應該是一個電池的圖示素材和橫條圖組合成的吧，而且這個橫條圖和卡車圖類似，是條形填滿圖。」

Mr.P：「不錯，我們現在將它拆解還原一下，綠色豎紋填滿代表實際達成率，數值就等於達成率，相當於電池圖中的電池電量，橫條圖中灰色框線用於電池框線的輔助線，代表目標，數值等於 100%，如圖 2-70 所示。」

電池圖 ˈSTEP 01 - ˈSTEP 03 繪製步驟和卡車圖相同，這裡不再重複，直接在卡車圖 ˈSTEP 01 - ˈSTEP 03 完成的圖表基礎上繼續操作，如圖 2-59 所示。

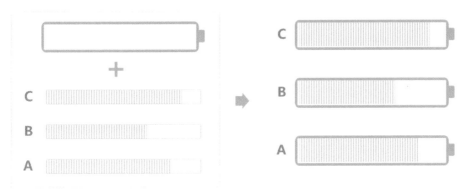

圖 2-70　電池圖拆解還原

ˈSTEP 04　圖表處理

1）橫條圖填滿設定

① "目標" 數列直條圖：用滑鼠按右鍵 "目標" 數列直條圖，選擇【資料數列格式】，在彈出的【資料數列格式】對話方塊【填滿與框線】中將【填滿】設定為【無填滿】，【框線】設定為【實心線條】，顏色選擇淺灰色（RGB：191，191，191），如圖 2-71 所示。

圖 2-71　【資料數列格式】對話方塊

② "達成率"數列直條圖：用滑鼠按右鍵"達成率"數列直條圖，選擇【資料數列格式】，在彈出的【資料數列格式】對話方塊中，將【填滿與框線】中的【填滿】設定為【圖案填滿】，圖案選擇為【深色垂直線】，如圖 2-72 所示。前景顏色設定為淺綠色（RGB：139，221，201），設定如圖 2-73 所示。

圖 2-72　【資料數列格式】對話方塊

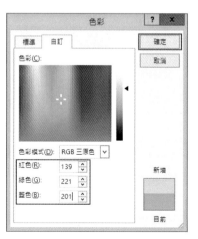

圖 2-73　【資料數列格式】對話方塊

2)　選中"達成率"數列直條圖,新增資料標籤,設定完成後的效果如圖 2-74 所示。

圖表標題

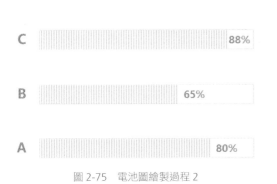

圖 2-74　電池圖繪製過程 1

STEP 05　美化圖表

1)　刪除多餘元素:按 Delete 鍵刪除"圖表標題"、"格線"、"X 軸"、"圖例"。將 Y 軸框線設定為無,將圖表區和繪圖區的框線和填滿均設定為無。將 Y 軸字體設定為"微軟正黑體",字型大小設定為"16"並選中"加粗",字體顏色設定為淺灰色(RGB:191,191,191)。用同樣方法將資料標籤字體設定為"微軟正黑體",字型大小設定為"12"並選中"加粗",字體顏色設定為淺灰色(RGB:191,191,191),設定完成後的效果如圖 2-75 所示。

2)　設定橫條圖分類間距:將條形的【類別間距】設定為"150%",如圖 2-76 所示。

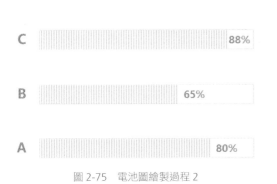

圖 2-75　電池圖繪製過程 2

圖 2-76　【資料數列格式】對話方塊

▌STEP 06 **圖示素材與圖表組合**

將電池框線圖示素材移至與代表目標數列的灰色框
線重疊，設定完成後的效果如圖 2-77 所示。

圖 2-77 電池圖繪製過程 3

用滑鼠按右鍵"目標"數列，從快顯功能表中選擇【資料數列格式】，在彈出的【資
料數列格式】對話方塊【數列選項】下設定【框線】為無，然後按住"Ctrl"鍵，將
圖表和電池框線圖示素材依次選中，按一下【格式】選項，按一下【排列】的【群組】，
將電池框線圖示和圖表組合起來。

Mr.P：「好了，電池圖繪製完成了，完成後的效果如圖 2-69 所示。」

Jenny：「效果還不錯呢。」

2.6 五星評分圖

Mr.P：「我們常常需要對比不同專案的得分情況，五星評分圖就是一個能直觀展示
得分情況的資訊圖，在商品評論得分中經常看到這樣的圖，如圖 2-78 所示。五星評
分圖中點亮的黃色星星代表各個項目的實際得分，五顆星為滿分。」

圖 2-78 五星評分圖示例

Jenny 得意地說：「哈哈，這個圖我知道是怎麼做的，基礎圖表是橫條圖，然後和五星圖示組合起來。」

Mr.P：「不錯，看來你對資訊圖有點感覺了，看到圖就知道先還原到基礎圖。五星評分圖的基礎圖就是橫條圖，這裡就不再拆解還原啦。」

下面我們一起來學習在 Excel 中繪製五星評分圖。

STEP 01　數據準備

五星評分圖資料來源為不同交通方式滿意度的綜合評分，滿分為 5 分，如圖 2-79 所示。

	A	B	C
1	交通方式	綜合評分	滿分
2	飛機	5	5
3	客運	4	5
4	高鐵	3	5
5	輪船	2	5
6	摩托車	1	5

圖 2-79　一季度各種交通方式滿意度綜合評分資料

STEP 02　繪製基礎圖表

繪製橫條圖，選擇表中 A1:C6 儲存格區域資料，按一下【插入】選項，在【圖表】組中按一下【插入直條圖或橫條圖】中的【群組橫條圖】，產生的圖表如圖2-80所示。

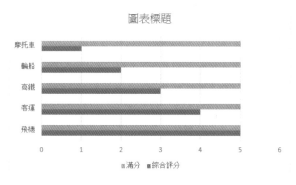

圖 2-80　五星評分圖繪製過程 1

STEP 03　**圖表處理**

將橫條圖的兩個數列條形重疊，與手機圖兩個直條圖重疊類似：設定條形的【數列重疊】為"100%"，透過【選取資料來源】對話方塊調整"綜合評分"數列與"滿分"數列順序，使得"綜合評分"數列的條形在"滿分"數列條形上方顯示，設定完成後的效果如圖 2-81 所示。

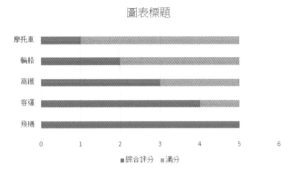

圖 2-81　五星評分圖繪製過程 2

STEP 04　**美化圖表**

刪除多餘元素：按 Delete 鍵刪除"圖表標題"、"格線"、"X 軸"、"圖例"。將 Y 軸框線設定為無，將圖表區和繪圖區的框線和填滿均設定為無。將 Y 軸字體設定為"微軟正黑體"，字型大小設定為"12"並選中"加粗"，字體顏色設定為深灰色（RGB：127，127，127），設定完成後的效果如圖 2-82 所示。

圖 2-82　五星評分圖繪製過程 3

STEP 05 圖示素材與圖表組合

1) 素材準備：需要準備兩個五星圖示，灰色五星用來填滿替換 "滿分" 數列條形，黃色五星用來填滿替換 "綜合評分" 數列條形，如圖 2-83 所示。

圖 2-83　五星圖素材

2) 複製灰色五星並貼上替換 "滿分" 數列，複製黃色五星並貼上替換 "綜合評分" 數列，設定完成後的效果如圖 2-84 所示。

圖 2-84　五星評分圖繪製過程 4

3) 調整 "綜合評分"、"滿分" 數列條形的【填滿與框線】為【堆疊且縮放】來展示 "綜合評分"、"滿分" 的數值大小，設定完成後的效果如圖 2-85 所示。

圖 2-85　五星評分圖繪製過程 5

4) 調整縱軸順序，使評分值從上往下依次降冪排列：用滑鼠按右鍵 Y 軸，選擇【座標軸格式】，在彈出的【座標軸格式】對話方塊【座標軸選項】下勾選【類別次序反轉】核取方塊，如圖 2-86 所示。

5) 設定橫條圖分類間距：設定條形【類別間距】為 "50%"，然後用滑鼠拖動圖表框線適當調整圖表大小，確保五星不變形，設定完成後的效果如圖 2-87 所示。

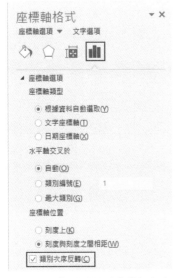

圖 2-86　【座標軸格式】對話方塊　　　圖 2-87　五星評分圖繪製過程 6

Mr.P：「好了，一張五星評分圖就繪製好了。」

Jenny：「嗯嗯！」

2.7　儀錶板

Mr.P：「儀錶板圖表是類比汽車速度錶盤的一種圖表，通常用來反映完成率、增長率等指標，是 KPI 達成分析中常用的一種圖形。儀錶板圖表效果簡單、直觀，給人一種操控的感覺。

圖 2-88 所示的就是用儀錶板展示的目標完成率，在這個儀錶板中，左邊的綠色填滿代表銷售達成率，灰色區域的最右端代表 100% 達成目標，下方的數位就是達成率。」

Jenny：「這個圖好酷啊！我猜下它的基礎圖表是不是環圈圖啊，不過環圈圖是整個圓形啊？」

Mr.P：「沒錯，儀錶板圖的基礎圖表是環圈圖，這裡我們耍一點障眼法，將下面的半圓隱藏起來。為了方便理解，我們先將這個儀錶板進行初步的還原，如圖 2-89 所示。」

圖 2-88　儀錶板圖示例　　　　　　　　圖 2-89　儀錶板圖拆解還原

下面我們一起來學習在 Excel 中繪製儀錶板。

STEP 01　數據準備

實際上我們要繪製的環圈圖如圖 2-90 所示。環圈圖由 P1、P2、P3 三部分資料組成，其中 P1 部分代表銷售達成率，由於儀錶板是個半環圈，所以 P1 的數值需要縮小一半，也就是銷售達成率 /2。

P1+P2 部分代表總目標，數值為 100%，同樣需要縮小為一半，也就是 50%，所以 P2 的數值為 50%-P1，P3 部分的數值等於 50%。

案例中達成率為 46%，所以達成率繪圖資料 P1=46%/2=23%，P2=50%-P1=27%，P3=50%，如圖 2-91 所示。

	A	B	C	D
1	達成率	P1	P2	P3
2	46%	23%	27%	50%

圖 2-90　儀錶板還原環圈圖　　　　　　圖 2-91　某公司季度 KPI 達成情況資料

▌STEP 02 繪製基礎圖表

繪製環圈圖，選擇表中 B1:D2 儲存格區域資料，按一下【插入】選項，在【圖表】組中按一下【插入圓形圖或環圈圖】中的【環圈圖】，按一下【確定】按鈕，產生的圖表如圖 2-92 所示。

圖 2-92　儀錶板繪製過程 1

▌STEP 03 圖表處理

1) 設定環圈圖第一磁區起始位置：用滑鼠按右鍵任意環圈，選擇【資料數列格式】，在彈出的【資料數列格式】對話方塊中將【數列選項】中的【第一磁區起始角度】改為 "270°"，設定【圖環內徑大小】為 "60%"，如圖 2-93 所示。

圖 2-93　【資料數列格式】對話方塊

2) 將環圈 P3 部分隱藏不顯示：按一下環圈，然後用滑鼠按右鍵 P3 部分，選擇【資料點格式】，在彈出的【資料點格式】對話方塊【數列選項】中將【填滿】【框線】分別設定為【無填滿】【無線條】，如圖 2-94 所示。

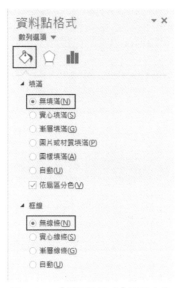

圖 2-94 【資料點格式】對話方塊

3) 增加"達成率"資料標籤：按一下環圈，然後用滑鼠按右鍵 P1 部分，選擇【新增資料標籤】，資料顯示為"23%"，設定完成後的效果如圖 2-95 所示。

圖表標題

圖 2-95 儀錶板繪製過程 2

Mr.P：「Jenny，你還記得之前學習過的修改資料標籤的小技巧嗎？現在儀錶板 "達成率" 的數值是 "23%"，我們如何讓它顯示 "46%" 呢？」

Jenny：「哈哈，我記得呀，透過【儲存格的值】設定就能讓資料標籤顯示任何想顯示的數值，對不對？」

Mr.P：「是的，有兩種方法可以修改這裡的數值。」

① 方法 1：使用【儲存格的值】設定：在【資料標籤格式】對話方塊【標籤位置】中按一下【儲存格的值】，然後選擇達成率所在的儲存格 A2，去除勾選【值】和【顯示引導線】核取方塊，將標籤拖曳到環圈中間合適的位置，設定完成後的效果如圖 2-96 所示。

圖表標題

■ P1 ■ P2   P3

圖 2-96　儀錶板繪製過程 3

② 方法 2：先刪除原來的資料標籤，使用【文字方塊】自訂編輯：按一下【插入】選項，按一下【文字方塊】後選擇【水平文字方塊】，如圖 2-97 所示。

圖 2-97　選擇【水平文字方塊】

選中文字方塊，然後在編輯欄中輸入 "=" 及達成率所在的儲存格 A2，按 Enter 鍵，設定完成後的效果如圖 2-98 所示。

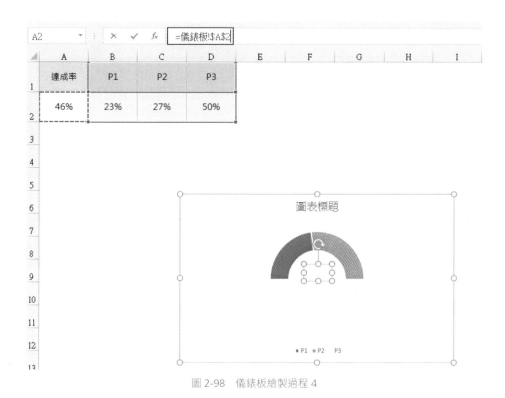

圖 2-98 儀錶板繪製過程 4

STEP 03 美化圖表

1) 刪除多餘元素：按 Delete 鍵刪除 "圖表標題"、"圖例"，將圖表區和繪圖區的
框線和填滿均設定為無，設定完成後的效果如圖 2-99 所示。

2) 環圈顏色美化：調整 P1 部分為綠色（RGB：54，188，155），P2 部分為淺灰
色（RGB：191，191，191），設定完成後的效果如圖 2-100 所示。

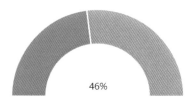

圖 2-99 儀錶板繪製過程 5

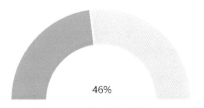

圖 2-100 儀錶板繪製過程 6

3) 調整標籤：將標籤字體設定為"微軟正黑體"，字型大小設定為"32"並選中"加粗"，字體顏色設定為綠色（RGB：54，188，155），最後將標籤和圖表組合到一起，設定完成後的效果如圖 2-88 所示。

Mr.P：「好了，一個儀錶板就完成了。」

Jenny：「再多幾個儀錶板，就有開車的感覺了。」

2.8　跑道圖

Mr.P：「跑道圖，顧名思義就是透過環圈展示不同專案的 KPI 完成進度，透過環圈的長度可以非常直覺地瞭解各項目的達成情況。

跑道圖可以算是 KPI 達成類資訊圖中比較美式的一類圖表，我們可以在很多資訊圖報告中看到它的身影。在圖 2-101 所示的這個圖表中，用三個環圈的長度代表三個專案的達成情況，既直觀，又有趣。」

圖 2-101　跑道圖示例

Jenny：「按之前的介紹，我們也是需要先繪製它的基礎圖表對不對？這個圖的基礎圖表應該是環圈圖吧？」

Mr.P：「沒錯，它的基礎圖表是環圈圖，先將跑道圖拆解還原成環圈圖看一下，可以發現跑道圖就是環圈圖將灰色部分隱藏後的部分，如圖 2-102 所示。」

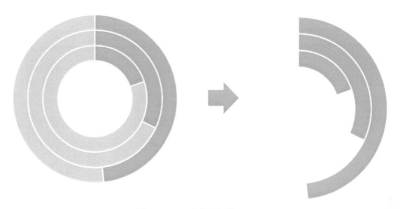

圖 2-102　跑道圖拆解還原

下面我們一起來學習在 Excel 中如何繪製跑道圖。

STEP 01　數據準備

仔細觀察一下，這張環圈圖是由 3 個綠色環圈和 3 個灰色環圈組合成的，綠色環圈數值 + 灰色環圈數值 =100%。其中綠色環圈長度代表三個專案的實際 KPI 完成情況，數值即等於實際的達成率，灰色就是未完成的 KPI 比例，數值 =100%- 達成率。

繪製資料來源如圖 2-103 所示，第一列為項目名稱，第二列為各個項目的達成率，第三列就是灰色的部分，我們一般稱它為輔助列，數值 =100%- 達成率。

	A	B	C
1	項目名稱	達成率	輔助列
2	C	20%	80%
3	B	32%	68%
4	A	48%	52%

圖 2-103　某公司各專案 KPI 達成情況資料

STEP 02　繪製基礎圖表

繪製環圈圖：選擇表中 A1:C4 儲存格區域資料，按一下【插入】選項，在【圖表】組中按一下【插入圓形圖或環圈圖】中的【環圈圖】，產生的圖表如圖 2-104 所示。

圖 2-104　跑道圖繪製過程 1

STEP 03　圖表處理

1) 繪製環圈圖後，發現該圖預設將達成率和輔助列當成兩個數列，而不是按照專案名稱區分成三個數列。這時只需要在【選取資料來源】對話方塊中選擇【切換列 / 欄】將環圈圖按項目 A、B、C 三個數列展示環圈，設定完成後的效果如圖 2-105 所示。

2) 調整環圈寬度：用滑鼠按右鍵任意環圈，從快顯功能表中選擇【資料數列格式】，在彈出的【資料數列格式】對話方塊中將【數列選項】中的【圖環內徑大小】設定為 "45%"，設定完成後的效果如圖 2-106 所示。

圖 2-105　跑道圖繪製過程 2

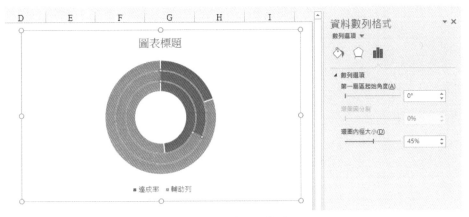

圖 2-106　跑道圖繪製過程 3

3) 將輔助列環圈部分隱藏：選中需要隱藏的環圈部分，將環圈填滿和框線均設定為無，設定完成後的效果如圖 2-107 所示。

圖表標題

■ 達成率　　輔助列

圖 2-107　跑道圖繪製過程 4

4) 設定環圈從外到內按從大到小依次排序。

Mr.P：「到這一步，跑道圖的基本形狀已經出來了。Jenny，考考你，如何讓這個環圈圖的環圈從外到內按從大到小依次排序呢？」

Jenny：「排序嗎？我知道工具列有個 "排序" 功能，可以直接選中資料來源進行排序嗎？ 讓作圖資料來源從小到大進行排序，然後跑道圖也自動排序，不知道 Excel 有沒有這麼智慧？」

Mr.P：「可以的！Excel 就是這麼智慧，這麼強大。我演示給你看看，這裡有兩種方法可以實現讓條形從外到內按從大到小依次排序。」

① 透過【排序】功能直接調整資料來源順序：選中 A2:C4 儲存格區域，按一下功能表列的【排序與篩選】，選擇【自訂排序】，在彈出的【排序】對話方塊中，【排序方式】選擇 "達成率"，【排序對象】選擇【值】，【順序】改為【最小到最大】，按一下【確定】按鈕，如圖 2-108 所示。

圖 2-108　【排序】對話方塊

② 透過【選取資料來源】對話方塊手動調整數列位置：這個技巧之前也學過，用滑鼠按右鍵圖表任意區域，選擇【選取資料】，在彈出的【選取資料來源】對話方塊的【圖例項目(數列)】中選中專案 "A" 數列，按一下【向下】箭頭，移至最後，然後按一下專案 "B"，同樣按一下向下的箭頭，移至專案 "A" 前面，按一下【確定】按鈕，如圖 2-109 所示，此方法適合專案數較少的情況。

圖 2-109　【選取資料來源】對話方塊

STEP 04　美化圖表

1) 設定環圈顏色：設定三個環圈填滿色為綠色（RGB：54，188，155），設定完成
後的效果如圖 2-110 所示。

圖 2-110　跑道圖繪製過程 5

2) 新增資料標籤：選中任意環圈，按一下滑鼠右鍵，選擇【新增資料標籤】，將達
成率標籤字體設定為 "微軟正黑體"，字型大小設定為 "14" 並選中 "加粗"，
字體顏色設定為綠色（RGB:54，188，155），將三個標籤分別拖至對應環圈尾部。
如出現引導線，可將其刪除。將隱藏環圈部分的資料標籤選中並按 Delete 鍵刪除，
設定完成後的效果如圖 2-111 所示。

3) 刪除圖表多餘元素：刪除 "圖表標題"、"圖例"，將圖表區和繪圖區的框線和
填滿均設定為無，設定完成後的效果如圖 2-112 所示。

圖 2-111　跑道圖繪製過程 6　　　　　　　圖 2-112　跑道圖繪製過程 7

4) 增加項目標籤：

① 繪製項目標籤形狀：按一下【插入】選項，在【圖例】組中，按一下【圖案】並選中【矩形】裡面的 "矩形" 形狀，如圖 2-113 所示。以同樣的操作再次插入【基本圖案】中的等邊 "三角形" 形狀，將 "矩形" 和 "三角形" 兩個形狀的框線均設定為無，顏色填滿設定為與跑道圖對應環圈填滿的顏色一致。

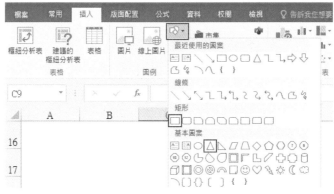

圖 2-113　【圖案】選項

② 將 "矩形" 和 "三角形" 形狀組合在一起：調整 "三角形" 形狀的角度，使 "三角形" 左側與矩形齊平，"三角形" 頂點朝水準右側，按圖 2-101 所示項目標籤擺放。然後按住 Shift 鍵，依次按一下 "矩形" "三角形"，選中兩個形狀後，在【格式】選項【排列】組中按一下【群組】，如圖 2-114 所示，最後選中 "矩形"，按一下滑鼠右鍵，從快顯功能表中選擇【編輯文字】，輸入 "A"。

③ 按一下專案標籤 "A"，字體設定為 "微軟正黑體"，字型大小設定為 "11" 並選中 "加粗"，字體顏色設定為白色。複製剛製作好的項目標籤 "A"，貼上兩次，分別將標籤改為 "B" 和 "C"，如圖 2-115 所示。

圖 2-114　【格式 - 組合】功能表項目　　　　　圖 2-115　跑道圖繪製過程 8

④ 將繪製好的專案標籤拖動到合適的位置，最後將專案標籤和圖表組合到一起，最終效果如圖 2-101 所示。

Mr.P：「好了，一張跑道圖就完成了。」

Jenny：「真棒！」

2.9　飛機圖

Mr.P：「Jenny，接下來教你一個我非常喜歡使用的展示 KPI 達成情況的資訊圖—飛機圖。如圖 2-116 所示，飛機圖有一種銷售衝刺的感覺。」

圖 2-116　飛機圖示例

Jenny：「嗯，確實很酷。可是我一點也沒看出來它的基礎圖表是什麼。」

Mr.P：「飛機圖其實非常容易繪製，它使用的基礎圖表是散佈圖，下面我們一起來學習在 Excel 中繪製飛機圖。」

STEP 01　數據準備

根據銷售人員的實際達成情況，算出達成率，如圖 2-117 所示。

STEP 02　繪製基礎圖表

繪製散佈圖，選擇表中 A2 儲存格資料，按一下【插入】選項，在【圖表】組中按一下【插入 XY 散佈圖或泡泡圖】中的【散佈圖】，產生的圖表如圖 2-118 所示。

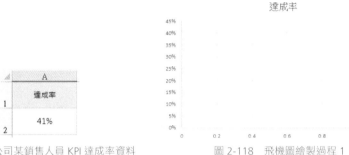

圖 2-117　公司某銷售人員 KPI 達成率資料　　　圖 2-118　飛機圖繪製過程 1

STEP 03　**圖表處理**

Mr.P：「Jenny，透過圖 2-118 所示的散佈圖可以發現散點的縱座標值是 41%，而飛機圖應該是飛機越往前達成率越高，跟高度無關，如何將散點落在 X 軸上呢？」

Jenny 撓了撓頭，吐了吐舌頭說：「這個我也不知道，還請 Mr.P 指教。」

Mr.P：「將橫、縱座標值調整一下就 OK 了」，具體步驟如下：

用滑鼠按右鍵圖表，選擇【選取資料】，在彈出的【選取資料來源】對話方塊中，按一下選中"達成率"數列，然後按一下【編輯】，如圖 2-119 所示。

圖 2-119　【選取資料來源】對話方塊

在彈出的【編輯資料數列】對話方塊中，【數列名稱】不變，【數列 X 值】選擇"達成率"值所在的儲存格 A2，【數列 Y 值】更改為"0"，按一下【確定】按鈕，如圖 2-120 所示。

圖 2-120 【編輯資料數列】對話方塊

這時我們可以看到 "達成率" 的散點落在了 X 軸上，橫座標值就等於達成率，設定完成後的效果如圖 2-121 所示。

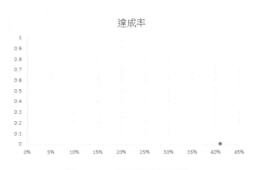

圖 2-121 飛機圖繪製過程 2

STEP 04 美化圖表

1) 刪除多餘的元素，按 Delete 鍵刪除 "圖表標題"、"格線"、"Y 軸"，將圖表區和繪圖區的框線和填滿均設定為無，設定完成後的效果如圖 2-122 所示。

圖 2-122 飛機圖繪製過程 3

2) 調整 X 軸，直接利用 X 軸繪製飛機飛行軌跡。

① 將 X 軸的最大值調整為 100%：用滑鼠按右鍵橫座標軸，選擇【座標軸格式】，在彈出的【座標軸格式】對話方塊的【座標軸選項】區域，將【範圍】的【最大值】更改為 "1"，如圖 2-123 所示。

② 隱藏 X 軸標籤：繼續在【座標軸格式】對話方塊的【座標軸選項】區域將【標籤】中的【標籤位置】設定為【無】，如圖 2-124 所示。

圖 2-123　【座標軸格式】對話方塊 1　　　　圖 2-124　【座標軸格式】對話方塊 2

③ 加粗 X 軸的線條：在【座標軸格式】對話方塊中切換至【填滿與框線】，將【線條】的【寬度】設定為 "1.5 pt"，如圖 2-125 所示。

圖 2-125　【座標軸格式】對話方塊 3

　圖示素材與圖表組合

1) 準備飛機圖示素材，設定填滿顏色為綠色（RGB：54，188，155），如圖 2-126 所示。

圖 2-126　飛機圖素材

2) 複製飛機圖示素材，貼上替換圖中小圓點，設定完成後的效果如圖 2-127 所示。

圖 2-127　飛機圖繪製過程 4

Jenny：「咦？這個飛機有部分被遮住了，無論我怎麼拖、拉圖表都沒用，這該怎麼辦？」

Mr.P：「這是因為繪圖區部分被圖表區遮住了，選中繪圖區，如圖 2-128 所示，按一下繪圖區任意一個角原點並向繪圖區中央拖，縮小繪圖區區域，飛機圖示就露出來啦，設定完成後的效果，如圖 2-129 所示。」

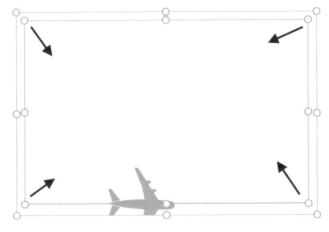

圖 2-128　飛機圖繪製過程 5

圖 2-129　飛機圖繪製過程 6

3) 新增資料標籤：用滑鼠按右鍵飛機，選擇【新增資料標籤】，然後用滑鼠按右鍵選擇剛增加的資料標籤，在彈出的【資料標籤格式】對話方塊的【標籤位置】區域將【標籤位置】選為【靠上】，設定完成後的效果如圖 2-130 所示，數值顯示是 "0"。

圖 2-130　飛機圖繪製過程 7

這是因為 XY 散佈圖預設顯示的是 Y 軸數值，這時可以使用【儲存格的值】重新設定顯示的數值標籤：繼續在【資料標籤格式】對話方塊【標籤位置】下勾選【儲存格的值】核取方塊，在彈出的【資料標籤區域】選擇 "達成率" 所在儲存格 A2，按一下【確定】按鈕，接下來去除勾選【Y 值】核取方塊，如圖 2-131 所示，資料標籤的值就設定好了。

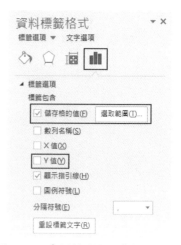

圖 2-131　【資料標籤格式】對話方塊

最後將標籤字體設定為 "微軟正黑體"，字型大小設定為 "28" 並選中 "加粗"，字體顏色設定為綠色（RGB：54，188，155），設定完成後的效果如圖 2-116 所示。

Mr.P：「好啦，一張飛機圖就繪製完成了，是不是一點都不難呢？」

Jenny：「經您這麼一介紹，確實不難。」

2.10　本章小結

Mr.P： Jenny，今天主要介紹了常見的 KPI 達成分析類資訊圖的繪製方法，我們一起來回顧一下今天所學的主要內容：

1) KPI 達成分析常用的基礎圖表以直條圖、橫條圖、環圈圖為主。

2) 介紹直條圖重疊的技巧、圖形【堆疊且縮放】的功能使用、巧用【儲存格的值】功能設定資料標籤等方法。

3) 介紹美化圖表的基本步驟，如去除圖表標題、格線、將圖表區和繪圖區的框線和填滿均設定為無，調整字體、字型大小、顏色等。

4) 介紹圖示素材與基礎圖表組合技巧，手工製作專案標籤的方法。

Jenny：原來這些繪製精良、令人賞心悅目而又極其專業的資訊圖表，在 Excel 中就能輕鬆繪製，而且使用的技巧都很簡單，真的太好了。

Mr.P：再簡單的技巧也需要反覆練習，離你越近的地方，路途越遠。最簡單的音調，需要最艱苦的練習！快動起手來吧！

NOTE

3

對比分析

Jenny 學習 KPI 達成分析類的資訊圖後，在上個月的經營分析報告中使用手機圖和滑珠圖展示公司 KPI 完成的情況，董事長看完報告後感覺清晰明瞭有趣，表揚了 Jenny。

Jenny 開心極了，迫不及待地來到 Mr.P 辦公桌前告訴他：「Mr.P，謝謝您！我將您教的資訊圖用在了經營分析報告上，董事長還誇我呢！現在繼續學習其他資訊圖的繪製。」

Mr.P 開心地說：「真高興你這麼快就學以致用了，那我們今天來學習一下對比分析類的資訊圖是怎麼繪製的。」

對比分析，也稱為比較分析，它是指將兩個或者兩個以上的資料進行比較，分析它們的差異，從而揭示事物發展變化和規律性。從對比分析可以非常直觀地看出事物某方面的變化或差距，並且可以準確、量化地表示出這種變化或差距是多少。

對比分析常見的資訊圖有手指圓形圖、箭頭圖、排行圖、山峰圖、人形對比圖和雷達圖等，可以根據實際需要選擇相相對應的圖形。

3.1　手指圓形圖

Mr.P：「Jenny，我們先來學習手指圓形圖，顧名思義，它是由類似 "手指餅乾" 的長條圖組成的，透過手指餅乾的高度呈現、對比資料的大小，如圖 3-1 所示。」

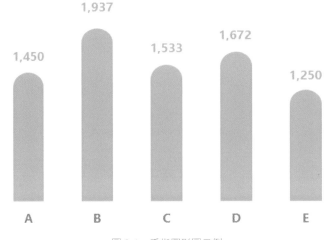

圖 3-1　手指圓形圖示例

Jenny：「哇，這個手指圓形圖雖然只是在直條圖上稍微做了一下美化，但是比呆呆的直條圖就生動有趣多了。」

Mr.P：「是的，這個手指圓形圖繪製起來也很簡單，我們先將它拆分還原，方便我們瞭解其構成，如圖 3-2 所示。」

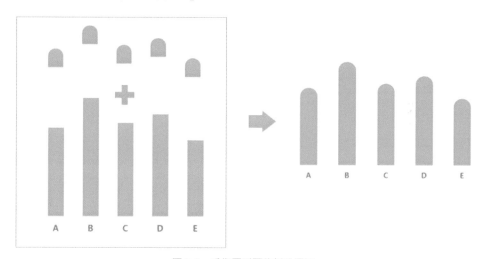

圖 3-2　手指圓形圖的拆分還原

Jenny：「上面的手指頭和下面的長條圖堆起來就可以啦。」

Mr.P：「嗯，是的，這個手指圓形圖的基礎圖表是堆疊直條圖。下面我們一起來學習在 Excel 中如何繪製手指圓形圖。」

⌐STEP 01　數列準備

手指圓形圖的資料來源為某公司 2019 年各產品的銷售資料。

手指圓形圖是由手指頭形狀的圖形和直條圖組合而成的，兩者的總和等於相對應產品的銷售金額，所以可以將銷售金額拆成兩個輔助列資料，輔助列 1 資料用於繪製上面的手指頭部分，輔助列 1 資料設定為 400 個單位，輔助列 2 資料用於繪製下面的柱形部分，輔助列 2 資料等於銷售金額減去輔助列 1 資料，如圖 3-3 所示。

	A	B	C	D
1	產品名稱	銷售金額	輔助列1	輔助列2
2	A	1,450	400	1,050
3	B	1,937	400	1,537
4	C	1,533	400	1,133
5	D	1,672	400	1,272
6	E	1,250	400	850

圖 3-3　某公司 2019 年各產品的銷售資料

STEP 02　**繪製基礎圖表**

繪製堆疊直條圖，先選中 A1:A6 儲存格區域資料，然後按住 Ctrl 鍵，再選中 C1:D6 儲存格區域資料，按一下【插入】選項，在【圖表】中按一下【插入直條圖或橫條圖】中的【群組直條圖】，產生的圖表如圖 3-4 所示。

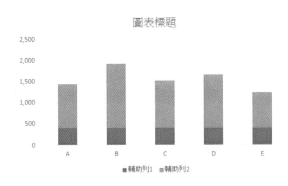

圖 3-4　手指圓形圖繪製過程 1

STEP 03　**圖表處理**

透過【選取資料】對話方塊調整 "輔助列 1" 數列與 "輔助列 2" 數列順序，使 "輔助列 1" 數列長條圖處於 "輔助列 2" 數列長條圖上方。然後用滑鼠按右鍵 "輔助列 1"，從功能表中選擇【資料標籤】下的【資料標籤】，以新增資料標籤，設定完成後效果如圖 3-5 所示。

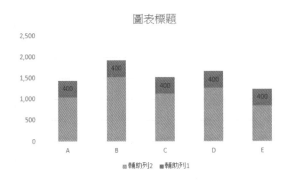

圖 3-5　手指圖形圖繪製過程 2

Mr.P：「Jenny，"輔助列 1"的資料標籤顯示的值都是"400"，要顯示各專案實際的銷售額，還記得怎麼操作嗎？」

Jenny：「這個我會，透過【資料標籤格式】對話方塊【標籤選項】中的【儲存格的值】進行設定。」

Mr.P：「沒錯，記得還要對【值】核取方塊去除勾選，設定完成後的效果如圖 3-6 所示，資料標籤顯示各專案實際的銷售額。」

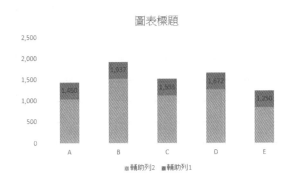

圖 3-6　手指圓形圖繪製過程 3

▍STEP 04　美化圖表

1) 刪除"圖表標題"、"圖例"、"格線"、"Y 軸"，將圖表區和繪圖區的框線和填滿均設定為無，將 X 軸的線條設定為無線條，將"輔助列 2"的長條圖顏色設定為綠色（RGB：54，188，155），設定完成後的效果如圖 3-7 所示。

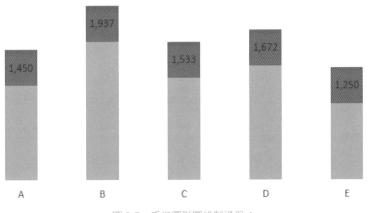

圖 3-7　手指圓形圖繪製過程 4

2) 設定資料標籤、X 軸標籤字體：設定資料標籤、X 軸標籤字體為 "微軟正黑體" ，
字型大小為 "12" 並選中 "加粗" ，將 X 軸標籤字體顏色設定為深灰色（RGB：
127，127，127），將資料標籤字體顏色設定為綠色（RGB：54，188，155），
將各長條圖的資料標籤拖動至藍色長條圖上方，設定完成後的效果如圖 3-8 所示。

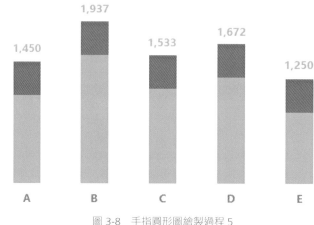

圖 3-8　手指圓形圖繪製過程 5

STEP 05　圖示素材與圖表組合

1) 準備一個手指頭圖示素材用於替換 "輔助列 1" 長條圖，將色彩設定為綠色（RGB：
54，188，155），設定完成後的效果如圖 3-9 所示。

2) 按 "Ctrl+C" 複製手指頭圖示素材，按一下選中 "輔助列 1" 數列長條圖，按
"Ctrl+V" 貼上，手指圓形圖就繪製完成了，如圖 3-10 所示。

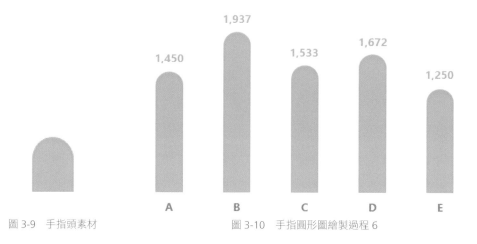

圖 3-9　手指頭素材　　　　　　　　圖 3-10　手指圓形圖繪製過程 6

Jenny 擦了口水後說：「好像抹茶味的手指餅，好想咬一口，哈哈！」

Mr.P 笑道：「你這個小吃貨，在這提醒一點，如果數值太小，無法放置輔助列的手指頭，那麼這個時候就不建議使用手指圓形圖展示了。」

Jenny：「好的。」

3.2　箭頭圖

Mr.P：「Jenny，手指圓形圖還可以繪製成箭頭形狀的直條圖，透過箭頭高度對比資料的大小，因此稱它為箭頭圖，如圖 3-11 所示。」

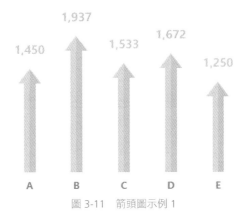

圖 3-11　箭頭圖示例 1

「我們還可以根據需要設定不同的顏色，如圖 3-12 所示，這個箭頭圖中對數值最大的 B 項目用了綠色進行區別展示，非常直觀。」

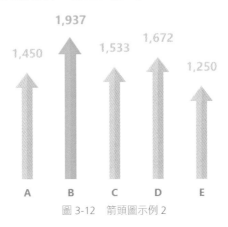

圖 3-12　箭頭圖示例 2

「接下來我們一起學習在Excel中繪製箭頭圖，先來拆分還原一下，如圖3-13所示。」

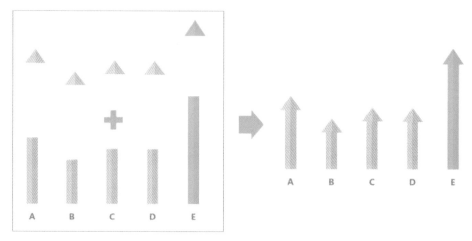

圖 3-13　箭頭圖拆分還原

Jenny：「果然，拆分後的箭頭圖和手指圓形圖非常類似，箭頭圖是由三角形和柱形組合而成的。」

Mr.P：「沒錯，這個類型的資訊圖除了可以用堆疊直條圖作為基礎圖表外，還可以使用直條圖作為基礎圖表。剛介紹的手指圓形圖就是用堆疊直條圖繪製的，現在我們就來學習如何用直條圖繪製箭頭圖。」

STEP 01　**數列準備**

我們繼續使用手指圓形圖的資料作為箭頭圖繪製的資料來源，如圖3-14所示，本例不需要使用輔助列。

	A	B
1	項目名稱	銷售金額
2	A	1,450
3	B	1,937
4	C	1,533
5	D	1,672
6	E	1,250

圖 3-14　某公司 2019 年各產品的銷售資料

STEP 02 **繪製基礎圖表**

繪製直條圖，選擇表中 A1:B6 儲存格區域資料，按一下【插入】選項，在【圖表】中按一下【插入直條圖或橫條圖】中的【群組直條圖】，然後再選中 A1:B6 儲存格區域資料，按 "Ctrl+C" 複製資料，選中圖表，按 "Ctrl+V" 貼上資料，這時產生兩個數列一樣大的直條圖，如圖 3-15 所示。

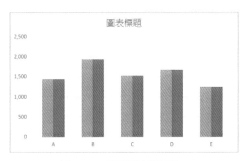

圖 3-15　箭頭圖繪製過程 1

STEP 03 **圖表處理**

1) 將其中一個數列直條圖更改為折線圖：用滑鼠按右鍵任意長條圖，從功能表中選擇【變更數列圖表類型】，在彈出的【變更圖表類型】對話方塊中，將橙色的 "銷售金額" 數列的【圖表類型】更改為【含有資料標記的堆疊折線圖】，按一下【確定】按鈕，如圖 3-16 所示。

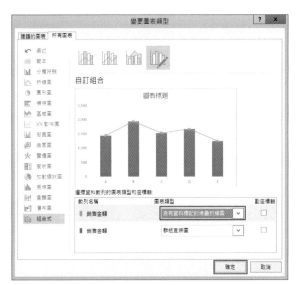

圖 3-16　【變更圖表類型】對話方塊

2) 用滑鼠按右鍵任意折線，從功能表中選擇【新增資料標籤】中的【新增資料標籤】，並設定【標籤位置】為【上】，設定完成後的效果如圖 3-17 所示。

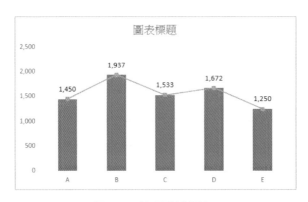

圖 3-17　箭頭圖繪製過程 2

STEP 04　美化圖表

刪除"格線"、"Y 軸"，將圖表區和繪圖區的框線和填滿均設定為無。將 X 軸、折線的線條設定為無線條。將 X 軸標籤字體設定為"微軟正黑體"，字型大小設定為"12"並選中"加粗"，字體顏色設定為深灰色（RGB：127，127，127）。將資料標籤字體設定為"微軟正黑體"，字型大小設定為"14"並選中"加粗"，設定完成後的效果如圖 3-18 所示。

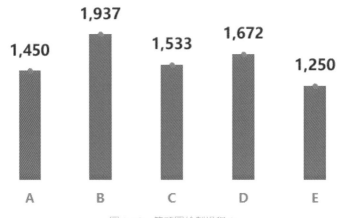

圖 3-18　箭頭圖繪製過程 3

ᴸSTEP 05　圖示素材與圖表組合

1) 準備好需要替換長條圖和圓點的圖示素材，如圖 3-19 所示。

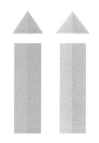

圖 3-19　箭頭圖示素材

2) 選中黃色柱形素材，按 "Ctrl+C" 複製，按一下任意長條圖，按 "Ctrl+V" 貼上，以同樣的方法用黃色三角圖示素材替換圓點，如圖 3-20 所示。

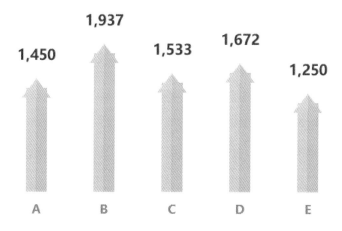

圖 3-20　箭頭圖繪製過程 4

Jenny：「咦？怎麼長條圖還露出來一點點，三角形沒有完全覆蓋長條圖？」

Mr.P：「稍微調整一下長條圖的寬度，讓長條圖變窄一些。」

Jenny 搶著說：「那調整長條圖的類別間距就可以實現了。」

Mr.P：「是的，用滑鼠按右鍵任意長條圖，從功能表中選擇【資料數列格式】，設定【類別間距】為 "350%"，設定完成後的效果如圖 3-21 所示。」

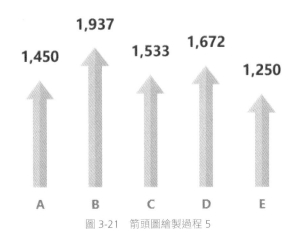

圖 3-21 箭頭圖繪製過程 5

3) 用綠色柱形、綠色三角圖示素材來替換專案 B，以凸顯最大值項目 B：按一下綠色柱形素材，按 "Ctrl+C" 複製，按兩下專案 B 長條圖，按 "Ctrl+V" 貼上。將綠色三角形圖示素材同樣使用複製貼上的方法替換專案 B 長條圖上的黃色三角形。最後將專案 B 的資料標籤字體顏色設定為綠色（RGB：54，188，155），項目 A、C、D、E 的數位標籤字體顏色設定為黃色（RGB：246，187，67），設定完成後的效果如圖 3-22 所示。

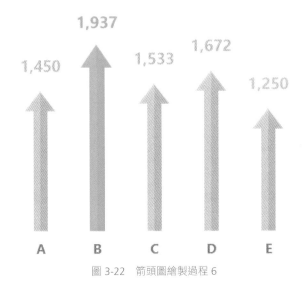

圖 3-22 箭頭圖繪製過程 6

Mr.P：「好了，這個箭頭圖就繪製完成了。」

3.3 排行圖

Mr.P：「接下來將學習對比分析的第三個資訊圖——排行圖。」

排行圖就是透過橫條圖與呈現內容相關的圖示結合，讓普通的橫條圖更加生動，看起來有一種排行榜的感覺，如圖 3-23 所示。

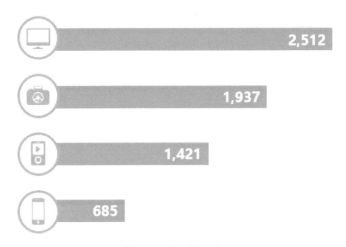

圖 3-23 排行圖示例

排行圖的基礎圖表就是橫條圖，下面我們一起來學習在 Excel 中繪製排行圖。

▀STEP 01 數列準備

繪製排行圖的資料來源為某公司各項目的銷售金額，如圖 3-24 所示。

	A	B
1	項目名稱	銷售金額
2	A	685
3	B	1,421
4	C	1,937
5	D	2,512

圖 3-24 某公司各專案銷售情況

STEP 02　繪製基礎圖表

繪製橫條圖，選擇表中 A1:B5 儲存格區域資料，按一下【插入】選項，在【圖表】中按一下【插入直條圖或橫條圖】中的【群組橫條圖】，產生的圖表如圖 3-25 所示。

STEP 03　圖表處理

用滑鼠按右鍵任意條形，從功能表中選擇【新增資料標籤】中的【新增資料標籤】，於【資料標籤格式】設定【標籤位置】為【終點內側】，如圖 3-26 所示。

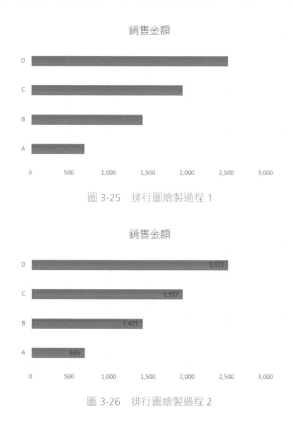

圖 3-25　排行圖繪製過程 1

圖 3-26　排行圖繪製過程 2

STEP 04　美化圖表

1) 刪除"圖表標題"、"格線"、"X 軸"、"Y 軸"，將圖表區和繪圖區的框線和填滿均設定為無，將色彩設定為綠色（RGB：54，188，155）。

2) 將資料標籤字體設定為"微軟正黑體"，字型大小設定為"12"並選中"加粗"，字體顏色設定為白色，設定完成後的效果如圖 3-27 所示。

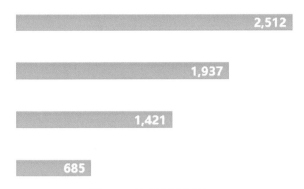

圖 3-27　排行圖繪製過程 3

STEP 05　圖示素材與圖表組合

1) 準備圖示素材，如圖 3-28 所示，從左到右四個圖示分別代表專案 A、B、C、D。

圖 3-28　圖示素材

2) 選中圖示，分別移至相對應條形左側邊緣位置，然後將圖示和橫條圖組合，效果如圖 3-29 所示。

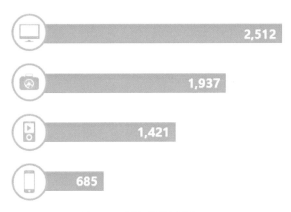

圖 3-29　排行圖繪製過程 4

Mr.P：「排行圖就繪製好了。」

Jenny：「排行圖繪製起來還是挺簡單的。」

3.4 山峰圖

Mr.P:「**接下來將學習對比分析的第四個資訊圖——山峰圖。**」

山峰圖透過山峰的高度展示資料的大小。山峰圖可以按資料大小進行排序。另外,在資料個數較少的情況下,也可以把最大的那個資料放中間,這樣更清楚明瞭,如圖 3-30 所示。

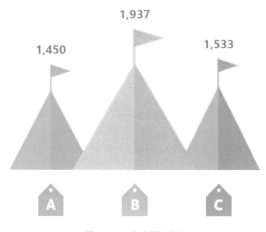

圖 3-30 山峰圖示例

山峰圖的基礎圖表就是直條圖,直條圖繪製完成後,使用山峰形狀的圖示素材替換長條圖即可。下面我們一起來學習在 Excel 中繪製山峰圖。

STEP 01 數列準備

繪製山峰圖的資料來源為某公司 2019 年各項目的銷售金額,如圖 3-31 所示。

	A	B	C	D
1	項目名稱	A	B	C
2	銷售金額	1,450	1,937	1,533

圖 3-31 某公司 2019 年各項目銷售金額

STEP 02 繪製基礎圖表

繪製直條圖,選擇表中 A1:D2 儲存格區域資料,按一下【插入】選項,在【圖表】中按一下【插入直條圖或橫條圖】中的【群組直條圖】,產生的圖表如圖 3-32 所示。

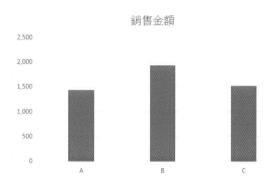

圖 3-32　山峰圖繪製過程 1

ᐅSTEP 03　**圖表處理**

Jenny：「山峰圖是重疊在一起的，而直條圖的長條圖都是獨立分開的，怎麼設定才能讓中間的長條圖覆蓋到其他長條圖上面啊？」

Mr.P：「這裡需要使用的技巧是副座標軸，讓 B 專案的長條圖展示在副座標軸上，A、C 項目的長條圖展示在主座標軸上。」

1) 首先需要設定專案 A、B、C 為獨立的資料數列：在圖表上用滑鼠按右鍵，從功能表中選擇【選取資料】，在彈出【選擇資料來源】對話方塊中，按一下【切換列/欄】，按一下【確定】按鈕，如圖 3-33 所示。

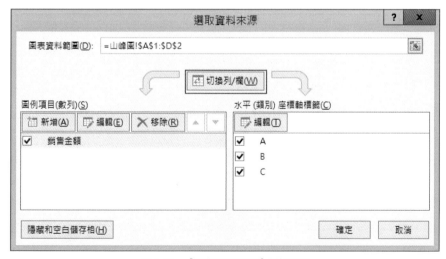

圖 3-33　【選擇資料來源】對話方塊

2) 設定專案 B 為副座標軸：用滑鼠按右鍵圖表，從功能表中選擇【變更數列圖表類型】，在彈出的【變更圖表類型】對話方塊中，在 B 項目後勾選【副座標軸】核取方塊，如圖 3-34 所示。

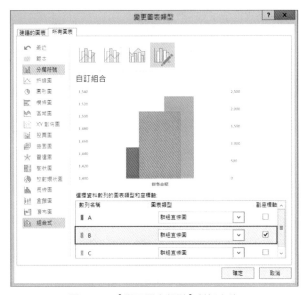

圖 3-34 　【變更圖表類型】對話方塊

3) 調整主、副座標軸的最大值、最小值範圍，使主、副座標軸的最大值、最小值範圍一致，將主、副座標軸的最大值調整成 "2500"、最小值調整成 "0"，設定完成後的效果如圖 3-35 圖示。

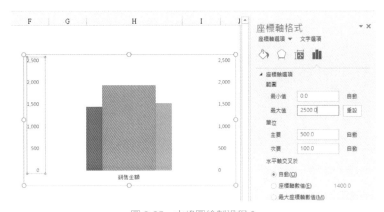

圖 3-35 山峰圖繪製過程 2

4) 分別新增項目 A、B、C 資料數列長條圖的資料標籤,設定完成後的效果如圖 3-36
所示。

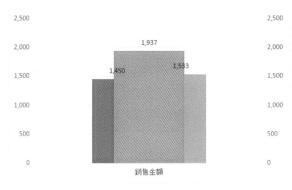

圖 3-36 山峰圖繪製過程 3

STEP 04 **美化圖表**

1) 刪除"圖表標題"、"格線"、"X 軸"、"Y 軸",將圖表區和繪圖區的框線
和填滿均設定為無。

2) 將資料標籤字體設定為"微軟正黑體",字型大小設定為"12"並選中"加粗",
字體顏色設定為深灰色(RGB:127,127,127),設定完成後的效果如圖 3-37
所示。

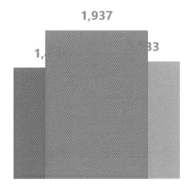

圖 3-37 山峰圖繪製過程 4

▌STEP 05　圖示素材與圖表組合

1) 準備圖示素材，如圖 3-38 所示，從左到右三個山峰圖示素材分別用於替換專案 A、
B、C。

圖 3-38　山峰圖示素材準備

2) 使用準備好的三個山峰圖示素材，分別透過複製、貼上的方式依次替換 A、B、C
三個長條圖，設定完成後的效果如圖 3-39 所示。

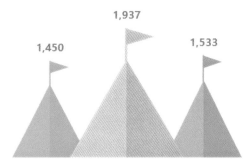

圖 3-39　山峰圖繪製過程 5

3) 手工繪製專案標籤，用長方形和三角形組合起來，然後填充與專案長條圖相對應
的顏色，如圖 3-40 所示，手工繪製專案標籤的方法在第 2 章中已經詳細介紹了，
這裡不再贅述。

圖 3-40　山峰圖繪製過程 6

4) 將專案標籤和圖表組合起來，繪製完成的山峰圖如圖 3-41 所示。

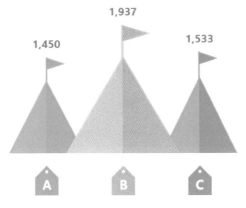

圖 3-41　山峰圖繪製過程 7

Mr.P：好了，一個山峰圖就繪製完成了。

Jenny：嗯嗯！山峰圖繪製起來也挺簡單的。

3.5　人形對比圖

Mr.P：接下來將學習對比分析的第五個資訊圖，人形對比圖，如圖 3-42 所示。人形對比圖通常在展現、對比用戶數或流量等情況下使用。

圖 3-42　人形對比圖示例

Jenny：人形對比圖的基礎圖表是橫條圖吧？

Mr.P：沒錯，下面我們一起來學習在 Excel 中繪製人形對比圖。

STEP 01　數列準備

人形對比圖的資料來源為某網站 1 月至 5 月的瀏覽人次，如圖 3-43 所示。

	A	B
1	月份	瀏覽人數
2	Jan	1,500
3	Feb	2,000
4	Mar	1,400
5	Apr	1,200
6	May	1,600

圖 3-43　某網站 1 月至 5 月流覽人次

STEP 02　繪製基礎圖表

繪製橫條圖，選擇表中 A1:B6 儲存格區域資料，按一下【插入】選項，在【圖表】中按一下【插入直條圖或橫條圖】中的【群組橫條圖】，產生的圖表如圖 3-44 所示。

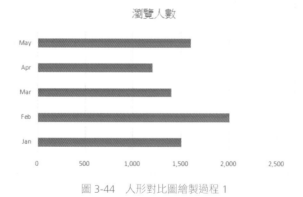

圖 3-44　人形對比圖繪製過程 1

STEP 03　圖表處理

1) 調整月份順序：用滑鼠按右鍵縱座標軸，從功能表中選擇【座標軸格式】，在彈出的【座標軸格式】對話方塊的【座標軸選項】中勾選【類別次序反轉】，如圖 3-45 所示，設定好後的效果如圖 3-46 所示。

圖 3-45 【座標軸格式】對話方塊

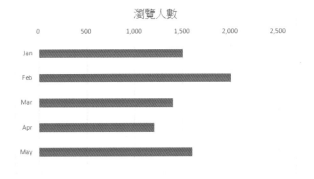

圖 3-46 人形對比圖繪製過程 2

2) 新增資料標籤：用滑鼠按右鍵任意條形，從功能表中選擇【新增資料標籤】中的【新增資料標籤】。

STEP 04 美化圖表

1) 刪除"圖表標題"、"格線"、"X 軸"，將圖表區和繪圖區的框線和填滿均設定為無。

2) 將資料標籤、X 軸的標籤字體設定為 "微軟正黑體" ，字型大小設定為 "14" 並選中 "加粗" ，字體顏色設定為深灰色（RGB：127，127，127），設定完成後的效果如圖 3-47 所示。

圖 3-47　人形對比圖繪製過程 3

STEP 05　圖示素材與圖表組合

1) 圖示素材準備，如圖 3-48 所示，準備好用於替換條形的小人圖示，並設定色彩為綠色（RGB：54，188，155）。

2) 選中綠色小人圖示素材，按 "Ctrl+C" 複製，然後選中圖表任意條形，按 "Ctrl+V" 貼上，設定完成後的效果如圖 3-49 所示。

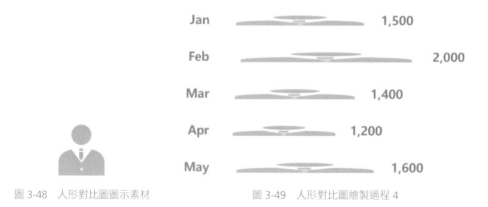

圖 3-48　人形對比圖圖示素材　　　　　　圖 3-49　人形對比圖繪製過程 4

3)　用滑鼠按右鍵任意條形，從功能表中選擇【資料數列格式】，在彈出的【資料數
　　列格式】對話方塊【數列選項】中勾選【填滿】下面的【堆疊】，如圖 3-50 所示。

圖 3-50　【資料數列格式】對話方塊

Mr.P：「好了，人形對比圖就繪製完成了，如圖 3-51 所示。」

圖 3-51　人形對比圖繪製過程 5

Jenny：「Mr.P，這裡能不能設定每個小人代表一定的數值呢？例如一個小人代表150，10 個小人就是 1500。」

Mr.P：「嗯，可以的，這個功能叫設定固定單位，可以在上一步操作的【資料數列格式】對話方塊中（如圖 3-52 所示），勾選【層疊且縮放】，且在【Units/Picture】中輸入"150"，設定完成後的人形對比圖如圖 3-53 所示。」

圖 3-52　【資料數列格式】對話方塊

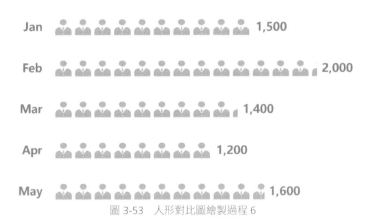

圖 3-53　人形對比圖繪製過程 6

Jenny 高興地拍了拍手：「太棒了！」

3.6　雷達圖

Mr.P：「**接下來將學習對比分析的第六個資訊圖——雷達圖。雷達圖又稱為網路圖、星圖、蜘蛛網圖。**

雷達圖用於多指標、多對比物件的分析上，通常在進行綜合評比分析時使用。雷達圖最開始時主要應用於企業財務指標綜合評比方面，隨著電腦的發展，應用越來越廣泛。

例如城市發展綜合評比、企業經營狀況綜合評比、管道貢獻綜合評比、產品貢獻綜合評比、員工能力綜合評比、遊戲角色戰力綜合評比等等方面的應用。

圖 3-54 所示是員工能力綜合評比雷達圖，直觀地展示甲、乙兩名員工在領導能力、溝通能力、協調能力、執行能力和學習能力五個方面的表現評分，方便我們了解每個員工的長處與缺少的部分。

雷達圖繪製其實很簡單，關鍵在 "美化圖表" 這一步，下面我們一起來學習在 Excel 中如何繪製雷達圖。」

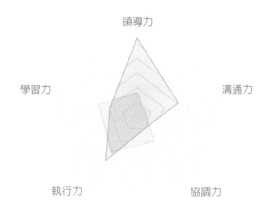

圖 3-54　雷達圖示例

STEP 01 **數列準備**

雷達圖資料來源為員工甲和員工乙在領導力、溝通力、協調力、執行力和學習力五大方面的表現評分，如圖 3-55 所示。

員工能力評比	領導力	溝通力	協調力	執行力	學習力
員工甲	3	1	4	6	6
員工乙	11	6	2	7	4

圖 3-55　員工綜合能力評分資料

STEP 02 **繪製基礎圖表**

繪製雷達圖，選擇表中 A1:F3 儲存格區域資料，按一下【插入】選項，在【圖表】中按一下【插入曲面圖或雷達圖】中的【填滿式雷達圖】，產生的圖表如圖 3-56 所示。

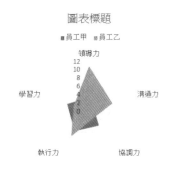

圖 3-56　雷達圖繪製過程 1

STEP 03 **美化圖表**

1) 刪除 "圖表標題"、"座標軸"，將圖表區和繪圖區的框線和填滿均設定為無。

2) 將分類標籤（五大能力指標）字體設定為 "微軟正黑體"，字型大小設定為 "12"，字體顏色設定為深灰色（RGB：127，127，127）。

3) 將圖例字體設定為 "微軟正黑體"，字型大小設定為 "10" 並選中 "加粗"，顏色設定為深灰色（RGB：127，127，127）。

4) 將格線顏色設定淺灰色（RGB：217，217，217），設定完成後的效果如圖 3-57
   所示。

圖 3-57　雷達圖繪製過程 2

5) 圖例位置調整到圖表區底部：用滑鼠按右鍵圖例，從功能表中選擇【圖例格式】，
   在彈出【圖例格式】對話方塊【圖例選項】中選中【下】，如圖 3-58 所示。

圖 3-58　【圖例格式】對話方塊

6) 調整雷達圖顏色：

   a) 首先調整 "員工乙" 數列，用滑鼠按右鍵 "員工乙" 數列區域內任意位置，
      從功能表中選擇【資料數列格式】，在彈出的【資料數列格式】對話方塊中，
      將【線條】中的【顏色】設定為綠色（RGB：54，188， 155），如圖 3-59
      所示；然後按一下【標記】，將【填滿】的【顏色】設定為綠色（RGB：54，
      188，155），【透明度】設定為 "60%"，如圖 3-60 所示。

圖 3-59 【資料數列格式】對話方塊 1　　　圖 3-60 【資料數列格式】對話方塊 2

b) 使用同樣的操作方法調整 "員工甲" 數列的線條，線條與標記填充顏色均設定為黃色（RGB：246，187，67），其他設定與 "員工乙" 數列的設定一致，圖表美化後效果如圖 3-61 所示。

Jenny：「效果不錯呀，雷達圖繪製確實挺簡單的。」

Mr.P：「雷達圖雖然簡單易用，但是也要注意以下幾點：

★對比的指標不要太多，否則資訊太多，會造成可讀性下降，使圖表給人感覺很複雜，就很難發現重點。

★對比的對象也不要太多，例如員工能力綜合評比雷達圖，如果對比 10 個員工， 那麼會造成雷達圖上的多邊形過多，上層會遮擋覆蓋下層多邊形，同樣會使可讀性下降，使整體圖形過於混亂。

圖 3-61　雷達圖繪製過程 3

所以使用雷達圖時，盡可能控制對比的指標、物件的數量，使雷達圖保持簡單清晰。」

3.7　本章小結

Mr.P 喝了口水說道：對比分析類資訊圖的內容全部介紹完了。 Jenny，我們現在來回顧一下，今天學習的主要內容：

1) 學習透過堆疊直條圖、直條圖繪製手指圓形圖、箭頭圖的方法與技巧。

2) 學習如何用圖示素材與基礎圖形結合起來繪製排行圖、山峰圖、人形對比圖，使普通的直條圖、橫條圖變得更有趣生動。

3) 學習雷達圖的美化方法與技巧。

Jenny：今天又學習了好多新技巧，我要加油，多多練習！

Mr.P：這些方法和技巧學習之後要想靈活運用到實際案例中，需不斷地勤加練習。

NOTE

4

結構分析

一大早剛上班，Jenny 就來到 Mr.P 辦公桌旁：Mr.P，早！我昨晚在網路上看到一個特殊環圈圖，它有裡外兩層，外面一層圓環是裡面一層對應圓環的細分，這個是什麼圖呀？也叫環圈圖嗎？

Mr.P 微笑著說：「Jenny，這麼用功呀！休息的時候都還在學習呢。你看到的圖表叫放射環狀圖，也叫太陽圖，它是結構分析類資訊圖裡面的一種。那今天我們就一起學習結構分析類的資訊圖吧！」

Jenny 開心地說：「好啊，好啊！」

Mr.P：「結構分析法，是在分組的基礎上，計算各構成成分所占的比重，進而分析總體的內部構成特徵。這個分組主要是指定性分組，定性分組一般看成分的結構，它的重點在於占整體的比重。結構分析法應用廣泛，例如使用者的性別結構、使用者的地區結構、使用者的產品結構等。

結構分析常見的資訊圖有趣味環圈圖、試管圖、人形堆疊圖、人形橫條圖、樹狀圖、放射環狀圖和方塊堆疊圖等，可以根據實際需要選擇相對應的圖形進行呈現。」

4.1　趣味環圈圖

Mr.P 拿起保溫杯，喝了口水，繼續介紹：「我們先來學習趣味環圈圖。環圈圖是結構分析中常用的圖形之一，尤其在專案構成成分較少（兩三個）的時候使用效果較佳。環圈圖與展現主題相關的趣味圖示搭配組合就組成了趣味環圈圖，如圖 4-1 所示，它是結構分析常用的資訊圖之一。」

圖 4-1　趣味環圈圖示例

Jenny 睜大眼睛說道：「哇！真的好有趣呀！這是怎麼繪製的？」

Mr.P：「這個類型的趣味環圈圖的繪製方法都是類似的，學會其中一個趣味環圈圖的繪製，另外一個趣味環圈圖也就會繪製了。

以左側帶自行車圖示的趣味環圈圖為例，它可以用於展示某一類產品對整體銷售額的貢獻大小，只需要將自行車換成對應的產品圖示即可，如汽車、手機、電腦、電視等圖示。

下面我們一起來學習在 Excel 中繪製趣味環圈圖。」

STEP 01　數據準備

趣味環圈圖的資料來源為某自行車門店中自行車與其他商品的銷售額占比資料，如圖 4-2 所示。

	A	B
1	自行車市場佔有率	其他
2	75%	25%

圖 4-2　某自行車店類別銷售額數據

STEP 02　繪製基礎圖表

繪製環圈圖，選中 A1:B2 儲存格區域，按一下【插入】選項，在【圖表】中按一下【插入圓形圖或環圈圖】中的【環圈圖】，產生的圖表如圖 4-3 所示。

圖表標題

■自行車市場佔有率　■其他

圖 4-3　趣味環圈圖繪製過程 1

STEP 03　圖表處理

新增資料標籤：按一下【插入】選項，在【文字】中按一下【文字方塊】中的【水平文字方塊】，在環圈圖中插入文字方塊，然後選中文字方塊，在編輯欄輸入 "=A2" 後按 Enter 鍵，即可得到自行車銷售額占比資料，設定完成後的效果如圖 4-4 所示。

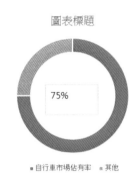

圖 4-4　趣味環圈圖繪製過程 2

STEP 04　美化圖表

刪除 "圖表標題"、"圖例"，將圖表區和繪圖區的線框和填滿都設定為無，將自行車圓環部分的顏色設定為綠色（RGB：54，188，155），將其他圓環部分的顏色設定為淺灰色（RGB：191，191，191），資料標籤字體設定為 "微軟正黑體"，字型大小為 "24" 並選中 "加粗"，字體顏色設定為綠色（RGB：54，188，155），設定完成後的效果如圖 4-5 所示。

STEP 05　圖示素材與圖表組合

1)　準備好一個自行車圖示素材，並將顏色設定為綠色（RGB：54，188，155），如圖 4-6 所示。

圖 4-5　趣味環圈圖繪製過程 3　　　　　　圖 4-6　自行車圖示素材

2) 選中自行車圖示素材，將其拖至環圈圖中上部的合適位置，然後將環圈圖、自行車圖示素材、資料標籤文字方塊等所有元素進行 "群組" 操作，帶自行車圖示的趣味環圈圖就繪製好了，如圖 4-7 所示。

圖 4-7　趣味環圈圖繪製過程 4

Jenny：「趣味環圈圖繪製起來一點都不複雜嘛。」

Mr.P：「Jenny，你說說帶放大鏡的趣味環圈圖是如何繪製的？」

Jenny：「好！」

「只需要在自行車趣味環圈圖的基礎上進行如下調整：將綠色圓環填滿色更改為藍色（RGB：59，174，218），將灰色圓環填滿色更改為無填滿，將自行車圖示去除，將資料標籤字體顏色設定為藍色（RGB：59，174，218），字型大小設定為 "32"。

準備一個放大鏡素材，填滿設定為淺灰色（RGB：191，191，191），並將其拖至環圈圖上方，調整放大鏡圖示大小，將環圈圖覆蓋，並確保放大鏡內邊緣與環圈圖外邊緣留有一定的間隙。

最後將各個元素進行組合，調整後如圖 4-8 所示，搞定！」

圖 4-8　趣味環圈圖繪製過程 5

Mr.P：「不錯不錯，給你一個大大的讚！只要發揮想像力，將與主題相關的圖示與環圈圖組合，就可以做出各種各樣美觀實用的趣味環圈圖。」

Jenny：「嘻嘻！確實是這樣的，將與主題相關的圖示與環圈圖組合後，環圈圖就變得生動有趣多了。」

4.2　人形橫條圖

Mr.P：「結構分析的第二個資訊圖為人形橫條圖，如圖 4-9 所示，Jenny，你能看出它的基礎圖表使用的是什麼橫條圖嗎？」

圖 4-9　人形橫條圖示例

Jenny 自信滿滿地說：「這難不倒我，人形橫條圖使用的基礎圖表是百分比堆疊橫條圖，沒錯吧！」

Mr.P 搖了搖頭笑道：「哈哈，乍看之下，還真的像是百分比堆疊橫條圖，其實就是普通的橫條圖，也就是群組橫條圖。將橫條圖與人形圖示素材結合起來就形成了生動有趣的人形橫條圖。下面我們一起來學習在 Excel 中繪製人形橫條圖。」

STEP 01　**數據準備**

人形橫條圖資料來源為某 APP 不同性別用戶中付費用戶與免費使用者的占比資料，如圖 4-10 所示。

	性別	付費用戶	免費用戶	全部用戶
		A	B	C	D
1				
2	男	77%	23%	100%
3	女	64%	36%	100%

圖 4-10　某 APP 男女付費、免費用戶占比

STEP 02　**繪製基礎圖表**

繪製橫條圖，選中 A1:B3、D1:D3 儲存格區域。注意，請勿選中 "免費使用者" 列資料，按一下【插入】選項，在【圖表】中按一下【插入直條圖或橫條圖】中的【群組橫條圖】，產生的圖表如圖 4-11 所示。

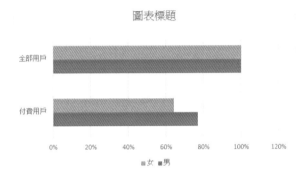

圖 4-11　人形橫條圖繪製過程 1

STEP 03　**圖表處理**

1) 調整列 \ 欄資料數列：用滑鼠按右鍵任意條形，從功能表中選擇【選取資料】，在彈出的【選取資料來源】對話方塊中，按一下【切換列 \ 欄】按鈕。

2) 將兩個數列條形重疊：用滑鼠按右鍵任意條形，從功能表中選擇【資料數列格式】，在彈出的【數列選項】對話方塊中，將【數列重疊】設定為 "100%"。

3) 將 "付費使用者" 數列條形移至上方：用滑鼠按右鍵任意條形，從功能表中選擇【選取資料】，在彈出的【選取資料來源】對話方塊中，選中 "付費使用者" 數列，按一下【圖例項目（數列）】中的【下移】箭頭。

4) 調整男女順序，讓男性條形排在上面：用滑鼠按右鍵 Y 軸，從功能表中選擇【座標軸格式】，在彈出的【座標軸格式】對話方塊中的【座標軸類型】下勾選【類別次序反轉】。

調整後的圖表效果如圖 4-12 所示。

STEP 04　**美化圖表**

刪除 "圖表標題"、"圖例"、"格線"、"X 軸"、"Y 軸"，將圖表區和繪圖區的【框線】和【填滿】均設定為 "無"，設定完成後的效果如圖 4-13 所示。

圖 4-12 人形橫條圖繪製過程 2

圖 4-13 人形橫條圖繪製過程 3

STEP 05 圖示素材與圖表組合

1) 準備圖示素材,左邊兩個人形圖示用於替換 "男" 數列條形,其中綠色人形圖示替換 "付費使用者" 條形,灰色人形圖示替換 "全部使用者" 條形;右邊兩個人形圖示用於替換 "女" 數列條形,其中黃色圖示人形替換 "付費用戶" 條形,灰色人形圖示替換 "全部使用者" 條形,如圖 4-14 所示。

圖 4-14 人形橫條圖繪製圖示素材

2) 透過複製貼上的方法替換相對應的條形，效果如圖 4-15 所示。

圖 4-15　人形橫條圖繪製過程 4

Jenny 張大著嘴：「咦！換後的條形怎麼變成只有一個人形了，而且還變形了呢。」

Mr.P 得意地笑了笑：「別急，這個效果顯然不是我們想要的，現在我們讓它變成 10 個人形，這個方法之前已經介紹過了，就是使用【堆疊且縮放】功能進行設定：選中替換的灰色人形條形，按一下【資料數列格式】，在彈出的【資料數列格式】對話方塊中【數列選項】的【填滿】下按一下【圖片與材質填滿】，按一下【堆疊且縮放】，設定【Units/ Picture】單位為 "0.1"，如圖 4-16 所示。」

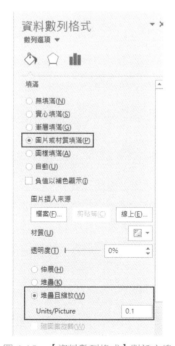

圖 4-16　【資料數列格式】對話方塊

用同樣的操作方法設定其他數列的人形圖示，設定後的效果如圖 4-17 所示。

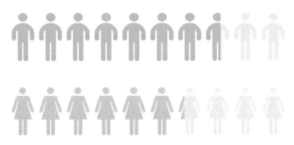

圖 4-17　人形橫條圖繪製過程 5

3) 新增資料標籤，資料標籤是由圓形和正方形組合而成的，繪製的方法在前面已經介紹過，這裡直接進行繪製，繪製後的效果如圖 4-18 所示，人形橫條圖就繪製完成了。

圖 4-18　人形橫條圖繪製過程 6

4.3　試管圖

Mr.P：「接下來學習結構分析的第三個資訊圖，試管圖。顧名思義，它是以試管的樣式進行資料展現的圖形，如圖 4-19 所示。試管圖一般需要在特定的情況下使用，通常在醫學類、化工類、食類別、化妝類別等行業使用，常與試管、瓶子、杯子、水桶等相關的圖形結合使用。」

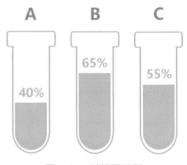

圖 4-19　試管圖示例

「例如，我們要對比不同食品中營養成分甲的含量，就可以使用試管圖。下面我們一起來學習在 Excel 中繪製試管圖。」

STEP 01　數據準備

試管圖資料來源為某工廠每類食品中營養成分甲與其他成分的構成占比資料，如圖 4-20 所示。

成份	A	B	C
營養成份甲	40%	65%	55%
其他	60%	35%	45%

圖 4-20　各食品成分占比數據

STEP 02　繪製基礎圖表

繪製堆疊直條圖，選擇資料表中 A1:D3 儲存格區域，按一下【插入】選項，在【圖表】中按一下【插入直條圖或橫條圖】中的【堆疊直條圖】，產生的圖表如圖 4-21 所示。

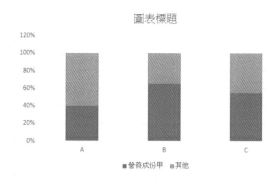

圖 4-21　試管圖繪製過程 1

STEP 03　圖表處理

新增資料標籤，用滑鼠按右鍵 "營養成分甲" 數列柱子，從功能表中選擇【新增資料標籤】。調整柱子的類別間距，用滑鼠按右鍵任意柱子，從功能表中選擇【資料數列格式】，在彈出的【資料數列格式】對話方塊中設定【類別間距】為 "100%" ，設定完成後的效果如圖 4-22 所示。

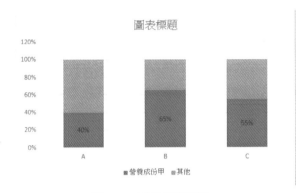

圖 4-22　試管圖繪製過程 2

STEP 04　美化圖表

刪除 "圖表標題" 、 "圖例" 、 "格線" 、 "Y 軸" 、 "X 軸" ，將圖表區和繪圖區的【框線】和【填滿】均設定為 "無" ，將資料標籤字型大小設定為 "18" 並選中 "加粗" ，設定完成後的效果如圖 4-23 所示。

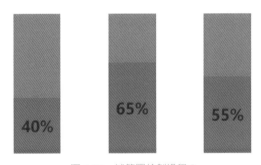

圖 4-23　試管圖繪製過程 3

STEP 05　圖示素材與圖表組合

1) 準備兩個圖示素材，綠色橢圓柱形用於替換 "營養成分甲" 數列柱子，試管圖示用於裝飾，如圖 4-24 所示。

2) 選中綠色橢圓柱形素材，複製貼上替換 "營養成分甲" 數列柱子，然後在【資料數列格式】對話方塊的【數列選項】中【填滿】下面勾選【堆疊】，設定完成後的效果如圖 4-25 所示。

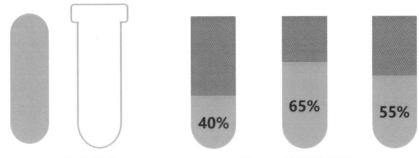

圖 4-24　試管圖素材　　　　　　　　　圖 4-25　試管圖繪製過程 4

3) 準備三個試管圖示素材，將它們拖動到圖表區內三個柱子上方，注意每個試管的頂端要與柱子的頂端對齊，這樣試管的頂端就是 100% 的界限，設定完成後的效果如圖 4-26 所示。

4) 設定 "其他" 數列柱子為無填滿無框線：選中 "營養成分甲" 的資料標籤，將資料標籤位置調整到 "營養成分甲" 數列柱子的上方，字體顏色設定為綠色（RGB：54，188，155）。然後插入文字方塊，在試管上方新增專案標籤 A、B、C，並將字體設定為 "微軟正黑體"，字型大小設定為 "24" 並選中 "加粗"，字體顏色設定為淺灰色（RGB：191，191，191）。最後將所有的元素組合，試管圖就繪製完成了，如圖 4-27 所示。

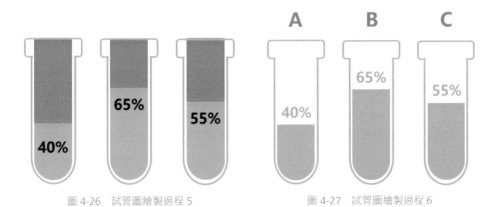

圖 4-26　試管圖繪製過程 5　　　　　　圖 4-27　試管圖繪製過程 6

Mr.P：「當然，也可以用不同顏色將項目 A、B、C 做一下區分，如圖 4-28 所示。」

Jenny：這個試管圖和之前介紹過的 KPI 類資訊圖差不多哦，只是圖示素材為試管圖示。

Mr.P：「沒錯，這類圖表既可以在展示 KPI 達成時使用，也可以在展示結構構成時使用。KPI 達成圖與結構分析圖的區別主要表現在資料構成上，KPI 達成圖表由實際完成率與目標 100% 兩部分資料構成資料來源，而結構分析的資料來源則是各構成成分的占比資料。」

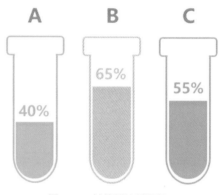

圖 4-28　試管圖繪製過程 7

「這個試管圖雖然看起來像 KPI 達成圖，但實際上 A、B、C 每個柱子都由兩個成分構成，就是 "營養成分甲" 與 "其他"。只是我們這裡需要重點突出 "營養成分甲" 的占比，將 "其他" 成分的占比淡化了，所以看起來像 KPI 達成圖，二者實際所傳達的資訊是完全不同的。所以不要制式化地使用資訊圖，要根據實際情況做出判斷。」

Jenny：「好的，我明白了，謝謝 Mr.P。」

4.4　人形堆疊圖

Mr.P：「接下來我們學習結構分析的第四個類型的資訊圖，人形堆疊圖。如圖 4-29 所示，人形堆疊圖就是將一個 "人形圖" 分割成不同部分，每個部分代表不同類別的人群占整體的比重，可以直接展示人群結構特徵，故通常用於使用者分析。」

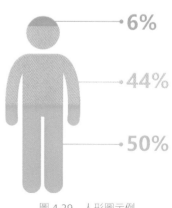

圖 4-29　人形圖示例

Jenny 附和道：「確實很直覺。」

Mr.P：「我們先將人形堆疊圖拆分還原，如圖 4-30 所示，人形堆疊圖其實是將三個圖形重疊一起，從前到後按照由小到大的順序排列，相互遮蓋而形成一種堆疊的效果。下面我們一起來學習繪製方法。」

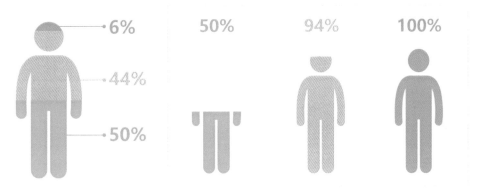

圖 4-30　人形圖的拆分還原

STEP 01　**數據準備**

人形堆疊圖資料來源為某網站 A、B、C 三大類型使用者的數量占比資料，如圖 4-31 所示。

	A	B	C	D
1	用戶	A	B	C
2	占比	50%	44%	6%

圖 4-31　某網站各類使用者占比資料 1

這個人形堆疊圖中綠色部分為 A 類使用者，占比為 50%，黃色部分為 B 類使用者，占比為 44%，藍色部分為 C 類使用者，占比為 6%。

繪製人形堆疊圖時，並不是直接使用各個部分的占比資料，而是 "累計占比" 資料。我們新增一行新資料，第一個等於 A 類用戶占比，第二個等於 A+B 類用戶占比，第三個等於 A+B+C 類用戶占比，如圖 4-32 所示。

	A	B	C	D
1	用戶	A	B	C
2	累計占比	50%	94%	100%
3	占比	50%	44%	6%

圖 4-32　某網站各類使用者占比資料 2

STEP 02　**繪製基礎圖表**

繪製群組直條圖，選擇表中 A1:D2 儲存格區域，按一下【插入】選項，在【圖表】中按一下【插入直條圖或橫條圖】中的【群組直條圖】，產生的圖表如圖 4-33 所示。

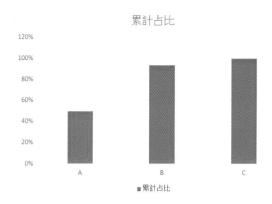

圖 4-33　人形堆疊圖繪製過程 1

STEP 03　**圖表處理**

1) 調整列\欄資料數列：用滑鼠按右鍵任意柱子，從功能表中選擇【選取資料】，在彈出的【選取資料來源】對話方塊中，按一下【切換列\欄】按鈕。

2) 將三個數列柱子重疊：用滑鼠按右鍵任意柱子，從功能表中選擇【資料數列格式】，在彈出的【數列選項】對話方塊中，將【數列重疊】設定為 "100%"。

3) 將 A、B 數列柱子移至 C 數列柱子上方：用滑鼠按右鍵任意柱子，從功能表中選擇【選取資料】，在彈出的【選取資料來源】對話方塊中，選中 "A" 數列，按一下兩下【圖例項目（數列）】中的【下移】箭頭，選中 "B" 數列，按一下【圖例項目（數列）】中的【下移】箭頭。設定完成後的效果如圖 4-34 所示。

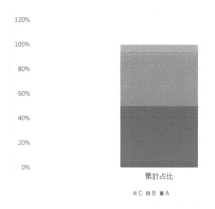

圖 4-34　人形堆疊圖繪製過程 2

STEP 04　美化圖表

刪除 "Y 軸"、"X 軸"、"格線",將圖表區和繪圖區線框和填滿均設定為無,
設定完成後的效果如圖 4-35 所示。

圖 4-35　人形堆疊圖繪製過程 3

STEP 05　圖示素材與圖表組合

1) 準備 3 個人形圖示:綠色人形圖示用於替換 "A" 數列柱子,黃色人形圖示用於
替換 "B" 數列柱子,藍色人形圖示用於替換 "C" 數列柱子,準備好的圖示素材
如圖 4-36 所示。

圖 4-36　人形圖示素材

2) 依次選中綠、黃、藍圖示素材，分別粘貼替換 A、B、C 柱子，替換後，用滑鼠按右鍵任意人形，從功能表中選擇【資料數列格式】，在彈出的【資料數列格式】對話方塊的【數列選項】中【填滿】下，選擇【堆疊且縮放】，【Units/Picture】單位為 "1"，如圖 4-37 所示。

3) 新增資料標籤的引導線：按一下【插入】選項，在【插圖】組中按一下【形狀】選擇【直線箭頭】，然後在彈出的【設定圖案格式】對話方塊中，將線條【寬度】設定為 "1.25" Pt，將線條【色彩】設定為綠色（RGB：54，188，155），然後更改【結尾箭頭類型】為 "圓形箭頭"，如圖 4-38 所示。

圖 4-37　【資料數列格式】對話方塊　　　　圖 4-38　【設定圖案格式】對話方塊

4) 新增資料標籤：按一下【插入】選項，在【文字】組中按一下【文字方塊】中的【水平文字方塊】，選中剛插入的文字方塊，在編輯欄中輸入 "=B3" 然後按 Enter 鍵，將字體設定為 "微軟正黑體"，字型大小設定為 "28" 並選中 "加粗"，字體顏色設定為綠色（RGB：54，188，155），設定完成後的效果如圖 4-39 所示。

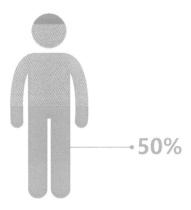

圖 4-39　人形堆疊圖繪製過程 4

用同樣的方法繪製其他兩個資料標籤及相對應的引導線，最後組合到一起，人形堆疊圖就繪製完成了，如圖 4-40 所示。

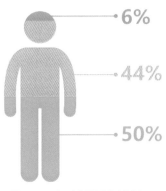

圖 4-40　人形堆疊圖繪製過程 5

4.5 樹狀圖

Mr.P：「在展示結構關係時，我們經常會使用餅形圖，餅形圖的構成成分最好在 5 項以內，否則就不利於資訊的清晰展示。」

Jenny 疑惑地問道：「那如果構成成分超過 5 項該怎麼辦呢？」

Mr.P：「我們可以使用樹狀圖，它非常適合用來展示構成成分較多的結構關係，如圖 4-41 所示。如果各個構成項目還可以繼續歸納分類的話，還可以展現分類之間的比例大小及層級關係。」

圖 4-41　樹狀圖示例

「樹狀圖是 Excel 2016 新增的圖表，下面我們一起來學習如何繪製。」

STEP 01　數據準備

樹狀圖資料來源為某公司各個項目的銷售額數據，如圖 4-42 所示。

	A	B
1	項目名稱	銷售額
2	M1	2,015
3	M2	1,046
4	M3	1,037
5	M4	1,583
6	M5	1,637
7	M6	3,566
8	M7	1,027
9	M8	1,041
10	M9	764
11	M10	531
12	M11	213

圖 4-42　某公司項目銷售額數據

STEP 02　繪製基礎圖表

繪製樹狀圖，選擇表中 A1:B12 儲存格區域，按一下【插入】選項，在【圖表】中按一下【插入階層圖圖表】中的【樹狀圖】，產生的圖表如圖 4-43 所示。

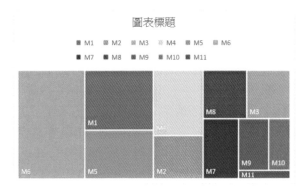

圖 4-43　樹狀圖繪製過程 1

STEP 03　圖表處理

新增資料標籤：用滑鼠按右鍵任意資料標籤，從功能表中選擇【資料標籤格式】，在彈出的【資料標籤格式】對話方塊的【類別名稱】下勾選【值】核取方塊，如圖 4-44 所示。

圖 4-44　【設定資料標籤格式】對話方塊

STEP 04　**美化圖表**

去除"圖表標題"、"圖例",將圖表區的線框和填滿均設定為無,調整各專案模組的顏色為綠色(RGB:54,188,155),將資料標籤的字體設定為"微軟正黑體"並選中"加粗",字體顏色設定為白色,設定完成後的效果如圖 4-45 所示。

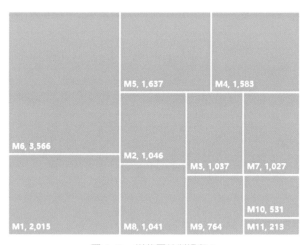

圖 4-45　樹狀圖繪製過程 2

Mr.P:「現在樹狀圖就繪製完成啦!」

Jenny:「哈哈,操作非常簡單啊。咦,我看到【插入階層圖圖表】下,還有一個"放射環狀圖",就是我昨晚在網上看到的特殊環圈圖,您快教我如何繪製放射環狀圖吧。」

4.6 放射環狀圖

Mr.P：「哈哈，我們現在來學習放射環狀圖。放射環狀圖也稱為太陽圖，同一層級的圓環代表同一級別的專案結構，離原點越近的圓環級別越高，最內層的圓環展示層次結構的頂級。所以放射環狀圖可以清晰地表達層級和歸屬關係，便於進行細分溯源分析。

「例如圖 4-46 中的放射環狀圖，內層的圓環展示的是不同產品類別的銷售額占比情況，外層的圓環展示的是每個類別對應產品的銷售額占比情況。透過這樣一個放射環狀圖，我們就可以直觀地瞭解各個層級的構成情況。」

「放射環狀圖也是 Excel 2016 新增的圖表，下面我們一起來學習在 Excel 中繪製放射環狀圖。」

STEP 01 **數據準備**

放射環狀圖資料來源為某公司不同類別下各個產品的銷售額數據，如圖 4-47 所示。

	A	B	C
1	類別	產品	銷售額
2	類別一	產品1	960
3	類別一	產品2	345
4	類別一	產品3	675
5	類別二	產品4	3,876
6	類別二	產品5	511
7	類別二	產品6	509
8	類別三	產品7	2,305
9	類別三	產品8	2,213
10	類別三	產品9	529
11	類別四	產品10	568
12	類別四	產品11	436
13	類別四	產品12	243

圖 4-46　放射環狀圖示例　　　　　圖 4-47　某公司產品銷售額數據

STEP 02　**繪製基礎圖表**

繪製放射環狀圖，選擇表中 A1:C13 儲存格區域，按一下【插入】選項，在【圖表】中按一下【插入階層圖圖表】中的【放射環狀圖】，產生的圖表如圖 4-48 所示。

圖 4-48　放射環狀圖繪製過程 1

STEP 03　**美化圖表**

刪除 "圖表標題"，將圖表區和繪圖區的線框和填滿均設定為無，將標籤字體設定為 "微軟正黑體"，字體顏色設定為白色。

〔提示〕如果需要更改某個類別的顏色，按一下放射環狀圖，然後再按一下需要更改顏色的類別，此時該類別的顏色保持不變，而未選中的類別顏色變淺，表示該類別被選中，這時就可以調整該類別的顏色了，如圖 4-49 所示。

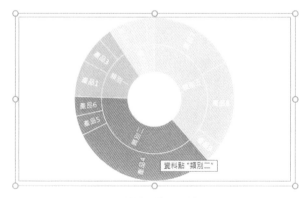

圖 4-49　放射環狀圖繪製過程 2

設定完成後的效果如圖 4-50 所示，這個放射環狀圖就繪製完成了。

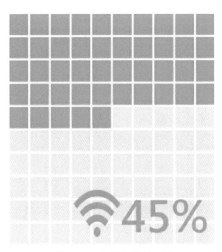

圖 4-50　放射環狀圖繪製過程 3

4.7　方塊堆疊圖

Mr.P：「接下來將學習結構分析的第七個資訊圖，方塊堆疊圖。方塊堆疊圖也可以稱為餅乾圖、積木圖，它常用於突顯某一部分的占比。如圖 4-51 所示的這個方塊堆疊圖是使用 WIFI 的用戶占比，非常直覺。」

圖 4-51　方塊堆疊圖示例

Jenny 用舌頭舔了舔嘴唇:「哇,這個不止像餅乾,還像抹茶巧克力,嘻嘻!」

Mr.P:「哈哈,你這個小吃貨,看什麼都像吃的。下面我們一起來學習在 Excel 中如何繪製方塊堆疊圖。」

STEP 01 **數據準備**

方塊堆疊圖資料來源為某 APP 的使用不同網路連接的使用者占比資料,如圖 4-52 所示。

	A	B
1	分組	占比
2	使用wifi	45%
3	不使用wifi	55%

圖 4-52　某 APP 的使用不同網路連接的使用者占比資料

STEP 02 **繪製基礎圖表**

這個方塊堆疊圖實際上是利用 Excel 儲存格繪製的,它由 10×10 個小儲存格組成,我們先將儲存格調整到合適的大小。

選中表中的任意 10 列,如 D~M 列,用滑鼠左鍵選中 D 列,按住 Shift 鍵,再選中 M 列, 按右鍵任意選中的列,從功能表中選擇【行寬】,在彈出的【行寬】對話方塊中將列寬設定為"2.75",如圖 4-53 所示;按照同樣的方法設定【列高】為"20"。

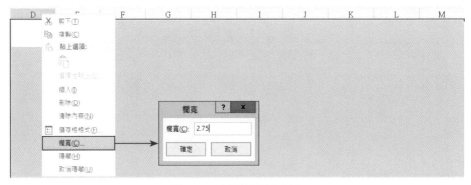

圖 4-53　【行寬】對話方塊

STEP 03　圖表處理

方塊堆疊圖是透過設定【條件格式】調整方塊的顏色的，它一共有 100 個小方塊，一個小方塊代表 1%，如果需要強調使用 WIFI 的使用者占比為 45% 的資訊，就需要將其中 45 個小方塊填滿好顏色。

Mr.P：「Jenny，【設定格式化的條件】的功能你使用過很多次了吧，知道這個功能的主要作用嗎？」

Jenny：「嗯，【設定格式化的條件】主要是透過新增規則，突出顯示某些儲存格。比如有一組 1%~100% 的資料，如果想要讓資料小於 50% 的儲存格填滿為紅色，可以透過在【設定格式化的條件】下建立規則統一設定。」

Mr.P：「是的，所以只要我們將這 100 個小方塊，填上 1%~100% 的資料，然後在【設定格式化的條件】裡新增規則，就可以統一調整儲存格的顏色。」

1) 方塊堆疊圖資料來源：按照從下到上、從左到右的順序依次填上 1%~100%，如圖 4-54 所示。

	C	D	E	F	G	H	I	J	K	L	M
1		1%	2%	3%	4%	5%	6%	7%	8%	9%	10%
2		11%	12%	13%	14%	15%	16%	17%	18%	19%	20%
3		21%	22%	23%	24%	25%	26%	27%	28%	29%	30%
4		31%	32%	33%	34%	35%	36%	37%	38%	39%	40%
5		41%	42%	43%	44%	45%	46%	47%	48%	49%	50%
6		51%	52%	53%	54%	55%	56%	57%	58%	59%	60%
7		61%	62%	63%	64%	65%	66%	67%	68%	69%	70%
8		71%	72%	73%	74%	75%	76%	77%	78%	79%	80%
9		81%	82%	83%	84%	85%	86%	87%	88%	89%	90%
10		91%	92%	93%	94%	95%	96%	97%	98%	99%	100%

圖 4-54　方塊堆疊圖繪製過程 1

NOTE 填入數值方式如下

A 先輸入 1%~10%

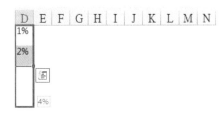

B 框選範圍，於常用欄位【填滿】選取【數列】，彈出【數列】視窗，於數列資料取自：
列，輸入間距值：0.1

2) 建立儲存格規則：【常用】底下【樣式】選項，按一下【設定格式化的條件】，
   在【醒目提示儲存格規則】下拉清單中選擇【其他規則】，彈出的【新增格式化
   規則】對話方塊中，選擇規則類型為【只格式化包含下列的儲存格】，編輯規則
   【儲存格值】【小於或等於】=$B$2（使用 WIFI 的占比）；然後按一下【格式】，
   在彈出的【儲存格格式】對話方塊中設定【填滿】背景色為綠色（RGB：54，
   188，155），如圖 4-55 所示。

3) 用同樣的操作方法，設定規則大於 45% 的格式填滿為灰色（RGB：217，217，
   217），方塊堆疊圖已經有初步的樣子了，如圖 4-56 所示。

圖 4-55　設定儲存格規則

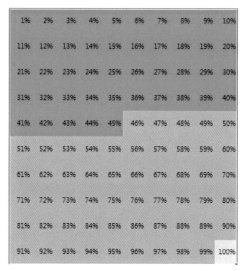

圖 4-56　方塊堆疊圖繪製過程 2

4) 隱藏方塊內數字：選中整個方塊儲存格區域，按一下右鍵，從功能表中選擇【儲存格格式】，在【儲存格格式】對話方塊【數值】分類下按一下【自訂】，在【類型】的輸入框輸入"；；；"，按一下【確定】按鈕，如圖 4-57 所示。

圖 4-57　【儲存格格式】對話方塊

STEP 04 **美化圖表**

選中所有方塊,設定框線顏色為白色,並加粗,設定好後如圖 4-58 所示。

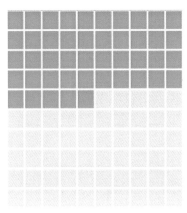

圖 4-58 方塊堆疊圖繪製過程 3

STEP 05 **圖示素材與圖表組合**

1) 準備一個 WIFI 圖示,並設定填滿色為綠色(RGB:54,188,155),如圖 4-59 所示。

2) 插入文字方塊新增資料標籤 "45%",並設定字體為 "微軟正黑體",字型大小設定為 "36" 並選中 "加粗",字體顏色設定為綠色(RGB:54,188,155),然後將資料標籤和 WIFI 圖示拖動至方塊堆疊圖即可,如圖 4-60 所示,方塊堆疊圖就繪製好了。

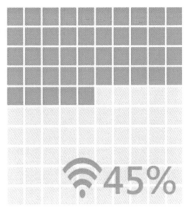

圖 4-59 WIFI 圖示素材　　　　　圖 4-60 方塊堆疊圖繪製過程 4

Jenny：「Mr.P，我想到一個笨方法，既然方塊堆疊圖都是由小方塊堆疊的，我可以手工直接插入 N 個小正方形啊，按照比例更改不同的顏色，然後拼在一起，組成一個整體。」

Mr.P：「這樣操作也可以，缺點就是每一次資料變化後都需要更改小方塊的顏色，如果是透過【設定格式化的條件】，只要我們編輯【設定格式化的條件】的規則，方塊就會自動更新顏色了。」

Jenny：「嗯，是的，還是【設定格式化的條件】的規則比較靈活些。」

4.8　本章小結

Mr.P：Jenny，結構分析相關資訊圖的繪製方法學習完，一起回顧所學的內容。

1)　了解結構分析類資訊圖常用的基礎圖，可以是環圈圖、圓形圖、橫條圖、直條圖、樹狀圖、放射環狀圖等。

2)　學習透過圖形互相重疊來展示各構成成分占比的方法。

3)　學習 Excel 2016 新增的樹狀圖、放射環狀圖的繪製方法。

4)　學習透過【設定格式化的條件】建立儲存格規則，繪製方塊堆疊圖的技巧。

Jenny：我之前只會用圓形圖做結構分析，原來展示結構可以有這麼多種圖表，這節課真是超值，讓我大開眼界！

Mr.P：嗯，圖表可以根據實際需求有很多種表達方式，不能盲目亂套圖表，切記要根據業務實際需要，清晰傳達資訊為目的進行選擇。

5

分佈分析

剛學習完結構分析類資訊圖的第二天下班後，Mr.P 就將 Jenny 叫到辦公桌旁：
「Jenny，昨天學習分類分析的結構分析資訊圖，今天打鐵趁熱，繼續學習分組分析
中的分佈分析類資訊圖。」

Jenny：「好，筆記本我已經準備好了。」

Mr.P：「分佈分析是用於研究資料的分佈特徵和規律的一種分析方法，主要包括定
量分佈與位置分佈兩種分析法。」

1) 定量分佈分析，是指根據分析目的，將數值型資料進行等距或不等距的分組，研
   究各組分佈規律的一種分析方法。定量分佈分析應用非常廣泛，例如，用戶消費
   分佈、用戶收入分佈、用戶年齡分佈，等等。常見的訊息圖有長條圖、金字塔圖等。

2) 位置分佈分析，是指透過不同資料屬性確定分析物件所處的位置，資料屬性可以
   是一個或者是多個。常見的資訊圖有箱線圖、矩陣圖、泡泡矩陣圖、地圖等。

5.1 長條圖

Mr.P：「長條圖又稱品質分佈圖，由一數列高度不等的柱子表示資料分佈的情況，X
軸為資料區間分類，Y 軸為各區間內資料出現的頻率數，各柱子的高度表示資料的分
佈情況。

如圖 5-1 所示，在這個長條圖中，表現飛機大戰這款遊戲用戶的年齡分佈。可以直接
地看到，20~30 歲年齡段的用戶數是最多的，其次是 30~40 歲，而 50~60 歲年齡段
的用戶數最少。」

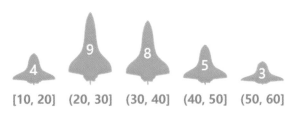

圖 5-1　長條圖示例

下面我們介紹兩種在 Excel 中繪製這種長條圖的方法。

5.1.1 長條圖作法一

STEP 01 數據準備

Excel 的長條圖本身即具有分組加總功能，只需要提供原始的明細資料即可，所以長條圖的資料來源為每一個使用者的年齡資料，如圖 5-2 所示。

	A 用戶ID	B 年齡
1	用戶ID	年齡
2	001	54
3	002	31
4	003	21
5	004	39
6	005	52
7	006	27
8	007	44
9	008	21
10	009	34
11	010	26

圖 5-2　使用者資料

STEP 02 繪製基礎圖表

繪製長條圖，選中 A1:B30 儲存格區域，按一下【插入】選項，在【圖表】中按一下【插入統計資料圖表】中的【長條圖】，產生的圖表如圖 5-3 所示。

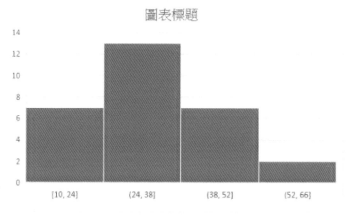

圖 5-3　長條圖製作過程 1

‚STEP 03　圖表處理

調整 X 軸分組間距為 10，一共分 5 組：用滑鼠按右鍵 X 軸，從功能表中選擇【座標軸格式】，在彈出的【座標軸格式】對話方塊中，將【座標軸選項】下的【Bin 寬度】設定為 "10.0"，如圖 5-4 所示。

圖 5-4　【設定座標軸格式】對話方塊

Jenny：「【座標軸選項】下面的【溢位 Bin】和【反向溢位】是什麼意思？」

Mr.P：「當資料中有某些少數值與其他值相差較大時，為了避免這些特殊值影響整體資料的表現效果，可以將這些特殊值放在一個開放的範圍內。

例如，大於 50 歲的用戶超出其他用戶的年齡，就可以將它視為特殊值，將【溢位 Bin】值設定為 "50"，這樣就將 50 歲及其以上的資料放在了 ">50" 的組內。同理，一個特別小的值也可以放到一個 "<= 某數值"【反向溢位】值的組內。」

Jenny：「明白了，有點類似數學裡的【上限】和【下限】的概念。」

Mr.P：「沒錯。」

‚STEP 04　美化圖表

1) 新增資料標籤，用滑鼠按右鍵任意柱子，從功能表中選擇【新增資料標籤】。然後調整資料標籤位置，用滑鼠按右鍵任意資料標籤，從功能表中選擇【設定資料標籤格式】，在彈出的【資料標籤格式】對話方塊中，將【標籤選項】下的【標籤位置】選為【置中】。

2) 調整柱子的類別間距，適當拉大柱子間的距離，用滑鼠按右鍵任意柱子，從功能表中選擇【資料數列格式】，設定【類別間距】為 "30%"。

3) 刪除 "圖表標題"、"格線"、"Y 軸",將圖表的框線和填滿設定為無,將資料標籤、座標軸標籤字體設定為 "微軟正黑體",字型大小設定為 "18" 並選中 "加粗",再將座標軸字體顏色設為深灰色(RGB:127,127,127),如圖 5-5 所示。

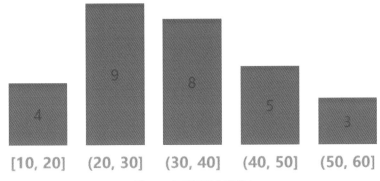

圖 5-5　長條圖製作過程 2

STEP 05　圖示素材與圖表組合

1) 準備 1 個飛機圖示素材,如圖 5-6 所示。

圖 5-6　長條圖製作過程 3

2) 將柱子替換成 "飛機" 圖示。

Mr.P:「Jenny,還記得之前我們是如何用圖示素材替換柱子的嗎?」

Jenny:「替換柱子採用的方法都是直接複製準備好的素材,然後選中柱子,貼上就可以了。」

Mr.P:「是的,不過本例採用此方法,將出現無法替換的情況,也就是 "飛機" 圖示貼上不上去。」

Jenny：「那怎麼辦呢？」

Mr.P：「我教你另外一個方法：先複製"飛機"圖示，按一下第一個柱子，然後用滑鼠右鍵再按一下，從功能表中選擇【資料點格式】，在彈出的【資料點格式】對話方塊的【數列選項】中，於【填滿】下選擇【圖片或材質填滿】，選擇【剪貼簿】，如圖 5-7 所示。」

圖 5-7　【資料點格式】對話方塊

Jenny：「還真可以呀，不過需要一個一個柱子替換嗎？不能一次選中所有一起替換嗎？」

Mr.P：「是的，只能一個一個柱子地替換，如果直接選中全部柱子一起替換就會出現問題，無法達到我們要的效果。

好了，一個趣味長條圖就製作完成了，效果如圖 5-1 所示。」

Jenny：「如果我想自訂分組間距來表現分佈情況，直接用【長條圖】好像做不了啊？」

Mr.P：「別著急，接下來我再給你介紹另一個製作長條圖的方法。」

5.1.2 長條圖作法二

Mr.P：「剛剛介紹的是使用 Excel 中的長條圖功能進行繪製，這種方法的優點是非常快速，但是無法靈活定義分組組距，例如我們需要將年齡分組定義為 "10-15"、"16-30"、"31-40"、"41-50"、"51-60" 五組，這時長條圖就無法實現。」

Jenny 快速地反應道：「那我們可以用 VLOOKUP 的大約符合（TRUE）功能實現非等距分組呀！」

Mr.P 滿意地點了點頭：「沒錯，我們可以先用 VLOOKUP 的大約符合功能對每個使用者的年齡資料實現非等距分組，然後再統計出各年齡分組的使用者數，就可以根據統計結果繪製直條圖了。」

Jenny 不解地問道：「直條圖？我們不是要繪製長條圖嗎？」

Mr.P 微微一笑：「Jenny，你仔細看看，其實長條圖看起來就是直條圖，所以就可以使用直條圖繪製長條圖。這樣就解決了長條圖無法實現非等距分組的問題，下面就來學習這種繪製方法。」

STEP 01　**數據準備**

1) 資料來源仍為飛機大戰這款遊戲每個使用者的年齡資料，不過需要進行非等距分組，分成 "10-15"、"16-30"、"31-40"、"41-50"、"51-60" 五組，在 "年齡" 列後面插入一列 "分組" 列，如圖 5-8 所示。

	A	B	C
1	用戶ID	年齡	分組
2	001	54	
3	002	31	
4	003	21	
5	004	39	
6	005	52	
7	006	27	
8	007	44	
9	008	21	
10	009	34	
11	010	26	

圖 5-8　資料來源 1

2) 準備一張分組對應表，第一列為臨界值，也就是每個分組範圍的最小值，這列臨界值需要進行昇冪排列（從小到大排序），第二列為分組範圍，如圖 5-9 所示。將“年齡”這列每一個年齡對應到相對應的分組。

	A	B	C	D	E	F
1	用戶ID	年齡	分組		臨界值	分組
2	001	54			10	10-15
3	002	31			15	16-30
4	003	21			30	31-40
5	004	39			40	41-50
6	005	52			50	51-60
7	006	27				

圖 5-9　資料來源 2

3) 使用 VLOOKUP 函數的大約符合功能進行資料分組：在 C2 儲存格輸入“=VLOOKUP(B2,$E$1:$F$6,2,TRUE)”，將 C2 儲存格公式複製並貼上至 C3:C30 儲存格區域，如圖 5-10 所示。

C2　=VLOOKUP(B2,$E$1:$F$6,2,TRUE)

	A	B	C	D	E	F
1	用戶ID	年齡	分組		臨界值	分組
2	001	54	51-60		10	10-15
3	002	31	31-40		15	16-30
4	003	21	16-30		30	31-40
5	004	39	31-40		40	41-50
6	005	52	51-60		50	51-60
7	006	27	16-30			
8	007	44	41-50			

圖 5-10　資料來源 3

4) 使用樞紐圖計算各個分組人數：選中 A1:C30 儲存格區域，按一下【插入】選項，按一下【表格】組中的【樞紐圖】，在彈出的【建立樞紐圖】對話方塊中【選擇您要放置樞紐圖的位置】區域選擇【已存在的工作表】，並將【位置】設定為 H1 儲存格，如圖 5-11 所示。

圖 5-11　【建立樞紐圖】對話方塊

在彈出的【樞紐圖欄位】列表中，將"分組"列拖至【列】框中，將"用戶 ID"列
拖至【值】框中，值計算方式設定為【計數】，如圖 5-12 所示，就得到各個分組的
人數了。

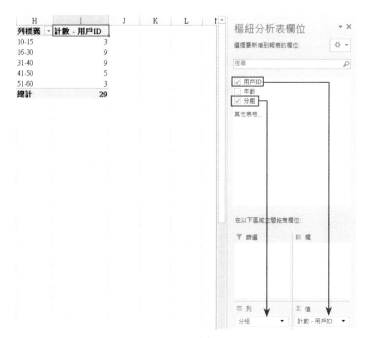

圖 5-12　資料來源 4

繪製基礎圖表

繪製直條圖，選擇表中 H1:I6 儲存格區域，按一下【插入】選項，在【插入直條圖或橫條圖】中的【群組直條圖】，如圖 5-13 所示。

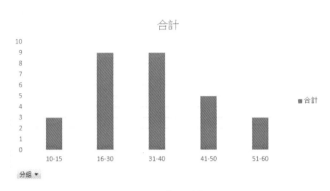

圖 5-13　長條圖製作過程

Mr.P：「接下來的美化圖表、用圖片素材替換柱子等相關操作與第一種方法相同，Jenny，就留給你回去自行複習操作吧。」

Jenny：「好的。」

5.2　金字塔圖

Mr.P：「分佈分析常用的第二個資訊圖為金字塔圖，如圖 5-14 所示，因為它看起來就像舞動著的旋風一樣，所以稱為金字塔圖，也稱為成對橫條圖或對稱橫條圖。」

「金字塔圖常用於對兩種類型的不同專案資料進行對比分析。金字塔圖最經典的應用就是人口金字塔圖。它透過成對的條形對比男性和女性在不同年齡段的人口分佈，年齡需從小到大排序，這樣才能更好地發現分佈規律，如圖 5-14 所示。」

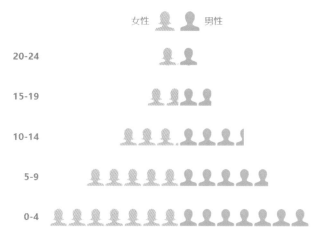

圖 5-14　金字塔圖示例 1

「這個圖表，從縱向看，年齡段越小，人口數量越多；從橫向看，可以對比不同性別在某個年齡段的人口分佈差異，例如 10-14 歲年齡段，男性比女性多。

除了人口金字塔，我們還可以用金字塔圖對比兩款產品在不同地區的銷售額等，如圖 5-15 所示。」

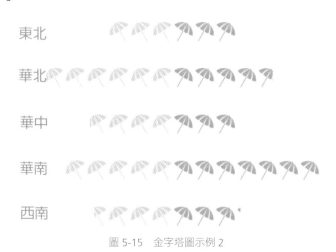

圖 5-15　金字塔圖示例 2

Jenny：「那麼如何繪製金字塔圖呢？」

Mr.P：「繪製金字塔圖主要有兩種方法：一種是次序反轉法，一種是負值法。」

5.2.1　金字塔圖作法一

首先介紹使用次序反轉法繪製人口金字塔圖,如圖 5-14 所示。

◤STEP 01　**數據準備**

人口金字塔圖的資料來源為某地區 24 歲以下各年齡段男性和女性的人數,如圖 5-16 所示。

	A	B	C
1	年齡區間	男性	女性
2	0-4	2,010	1,988
3	5-9	1,374	1,422
4	10-14	988	921
5	15-19	501	498
6	20-24	301	321

圖 5-16　某地區各年齡段人數

◤STEP 02　**繪製基礎圖表**

繪製橫條圖,選中資料表中 A1:C6 儲存格區域,按一下【插入】選項,【插入直條圖或橫條圖】中選擇【群組橫條圖】,產生的圖表如圖 5-17 所示。

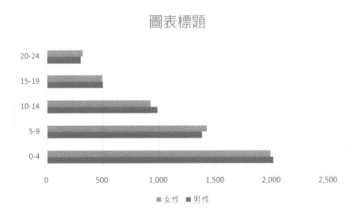

圖 5-17　金字塔圖製作過程 1

STEP 03 **圖表處理**

Mr.P：「Jenny，現在"男性""女性"兩個資料數列的條形都排列在同一邊，我們需要將"女性"條形翻轉到左邊，如何實現呢？」

Jenny：「讓我想一想，現在介紹的是次序反轉法，我猜應該是調整"女性"數列水平軸，然後勾選【副座標軸】？」

Mr.P：「真聰明，確實是這樣的，下面來看具體的操作步驟。」

1) 調整"女性"數列水平軸為副座標軸：用滑鼠按右鍵"女性"數列條形，從功能表中選擇【變更圖表類型】，在彈出的【更改圖表類型】對話方塊中，對"女性"數列勾選【副座標軸】，如圖 5-18 所示。

圖 5-18 【更改圖表類型】對話方塊

2) 設定副座標軸格式，勾選【副座標軸】：用滑鼠按右鍵剛出現在圖表上方的副座標軸，從功能表中選擇【設定座標軸格式】，在【座標軸選項】下勾選【數值次序反轉】核取方塊，如圖 5-19 所示。

3) 調整主、副座標軸最大、最小值：先調整主座標軸，用滑鼠按右鍵主座標軸，按一下【設定座標軸格式】，在彈出的【設定座標軸格式】對話方塊中，在【座標軸選項】下將【最小值】設定為 "-2500"，【最大值】設定為 "2500"，如圖 5-20 所示。以同樣的操作方法設定副座標軸的最大、最小值為 "2500" 和 "-2500"。

圖 5-19　【設定座標軸格式】對話方塊 1　　　　圖 5-20　【設定座標軸格式】對話方塊 2

4) 調整垂直軸標籤，將其放置在圖表最左側：用滑鼠按右鍵垂直軸，從功能表中選擇【設定座標軸格式】，在彈出的【設定座標軸格式】對話方塊中，將【座標軸選項】下【標籤】的【標籤位置】設定為【低】，如圖 5-21 所示。

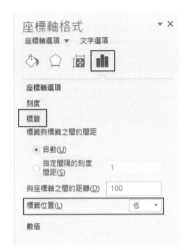

圖 5-21 【設定座標軸格式】對話方塊 3

STEP 04 **美化圖表**

刪除 "圖表標題"、"圖例"、"格線"、"X 軸",將圖表區和繪圖區的框線和填滿設定為無,將垂直軸標籤字體設定為 "微軟正黑體",字型大小設定為 "18" 並選中 "加粗",字體顏色設定為淺灰色(RGB:191,191,191),設定完成後的效果如圖 5-22 所示。

圖 5-22 金字塔圖製作過程 2

▰STEP 05 **圖示素材與圖表組合**

1) 準備圖示素材，用綠色小人圖示替換"男性"數列條形，黃色小人圖示替換"女性"數列條形，如圖 5-23 所示。

圖 5-23 金字塔圖製作過程 3

2) 分別選中圖示並複製貼上替換對應的條形，完成後的圖表效果如圖 5-14 所示。圖示替換條形的操作方法之前已經學習過了，這裡不再贅述，金字塔圖就完成了。

Jenny：好的。

5.2.1 金字塔圖作法二

Mr.P：「接下來介紹金字塔圖的另一種繪製方法——負值法。這種方法主要透過將其中一個資料數列的值更改為負值實現相對應條形翻轉的效果。

現以圖 5-15 所示的金字塔圖為例，學習如何使用負值法繪製金字塔圖。」

▰STEP 01 **數據準備**

資料來源為某公司兩種產品在不同區域的銷售額，這裡需要增加一列輔助列，數值為產品 A 銷售額的負值，如圖 5-24 所示。

	A	B	C	D
1	區域	產品A	產品B	產品A輔助列
2	東北	508	528	-508
3	華北	1,011	820	-1,011
4	華中	657	525	-657
5	華南	866	1,200	-866
6	西南	625	554	-625

圖 5-24 各地區產品銷售額

STEP 02　繪製基礎圖表

繪製橫條圖，選中A1:A6、C1:D6 儲存格區域，按一下【插入】選項，在【圖表】中【插入直條圖或橫條圖】按一下【群組橫條圖】，產生的圖表如圖 5-25 所示。

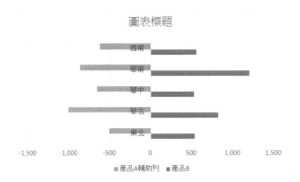

圖 5-25　金字塔圖製作過程 4

STEP 03　圖表處理

接下來的操作步驟和第一種方法一樣，將"產品 A 輔助列"的水平軸設定為副座標軸，調整主、副座標軸的最大、最小值分別為"1200"和"-1200"，然後調整垂直軸標籤位置為【低】，設定完成後的效果如圖 5-26 所示。

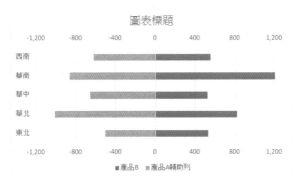

圖 5-26　金字塔圖製作過程 5

STEP 04　**美化圖表**

刪除"圖表標題"、"格線"、"圖例"、"X軸"，將圖表區和繪圖區的框線和填滿設定為無，將垂直軸標籤字體設定為"微軟正黑體"，字型大小設定為"18"並選中"加粗"，字體顏色設定為淺灰色（RGB：191，191，191），設定完成後的效果如圖 5-27 所示。

圖 5-27　金字塔圖製作過程 6

STEP 05　**圖示素材與圖表組合**

1) 準備圖示素材，用黃色小傘圖示替換"產品 A 輔助列"數列條形，藍色小傘圖示替換"產品 B"數列條形，如圖 5-28 所示。

圖 5-28　金字塔圖製作過程 7

2) 分別選中圖示並複製貼上替換對應的條形，設定完成後的效果如圖 5-15 所示。

Jenny：「如果我想要新增資料標籤，會顯示出負值，怎麼處理呢？」

Mr.P：「一種是使用【儲存格的值】功能增加正值資料標籤，【儲存格的值】功能我們在前面也學習過了。

另外一種方法是更改資料格式：用滑鼠按右鍵任意負值資料標籤，從功能表中選擇【設定資料標籤格式】，在彈出的【資料標籤格式】對話方塊中，在【標籤選項】下【數值】的【類別】中選擇【自訂】，然後在【格式代碼】框中輸入 "0;0;0"，按一下【增加】按鈕，如圖 5-29 所示，這樣座標軸的值就變成正值了。」

圖 5-29　【設定資料標籤格式】對話方塊

Jenny 驚訝地說道：「好神奇！」

5.3　矩陣圖

Mr.P：「剛才學習的長條圖、金字塔圖都是定量分佈分析常用的資訊圖。現在我們來學習位置分佈分析常用的資訊圖，第一個是矩陣圖。

矩陣圖是矩陣分析呈現的視覺化結果圖形。矩陣分析，是指將事物的兩個重要屬性（指標）作為分析的依據，進行關聯分析，找出解決問題的一種分析方法，也稱為矩陣關聯分析，簡稱矩陣分析法。

在圖 5-30 所示的這個矩陣圖中，以 "市場占有率" 和 "成長率" 作為關鍵指標，以 "市場占有率" 和 "成長率" 的平均值作為參考值將圖表分成四個象限，讓八款產品分別落入四個不同的象限。這個案例就是常見的 BCG 矩陣（BCG Matrix），透過這個圖表，企業可以瞭解現有產品的結構，針對不同的產品制定不同的戰略對策。

在第一象限中的產品市場占有率、成長率均相對較高，可稱為「明星」（Star）類產品；第二象限中的產品市場占有率相對較低，但成長率相對較高，可稱為「問題小孩」

（Problem Child）類產品；第三象限中的產品市場占有率和成長率都相對較低，可稱為「老狗」（Dog）類產品；第四象限中的產品市場占有率相對較高，但成長率相對較低，可稱為「現金牛」（Cash Cow）類產品。」

圖 5-30　矩陣圖示例

Mr.P：「Jenny，圖 5-30 所示的矩陣，你覺得它的基礎圖表是什麼呢？」

Jenny：「我看只有散佈圖跟這個比較像，不過矩陣圖中間區分四個象限的十字交叉輔助線怎麼繪製的？是手動插入線條實現的嗎？」

Mr.P：「沒錯，矩陣圖的基礎圖表就是散佈圖，但是輔助線並不是透過手動插入實現的。下面我們一起來學習在 Excel 中繪製矩陣圖。」

STEP 01　數據準備

矩陣圖資料來源為某公司不同產品的市場占有率和成長率資料，以及這兩個指標對應的平均值，如圖 5-31 所示，當然這裡不一定使用平均值，也可以參照其他標準。

	A	B	C
1	產品	市場占有率	成長率
2	P1	27%	81%
3	P2	88%	16%
4	P3	96%	30%
5	P4	59%	61%
6	P5	54%	18%
7	P6	77%	88%
8	P7	81%	63%
9	P8	67%	21%
10	平均值	69%	47%

圖 5-31　某公司產品的市場占有率和成長率資料

STEP 02　**繪製基礎圖表**

繪製散佈圖，選中 B2:C9 儲存格區域，按一下【插入】選項，在【圖表】中按一下【插入 XY 散佈圖或泡泡圖】中的【散佈圖】，產生的圖表如圖 5-32 所示。

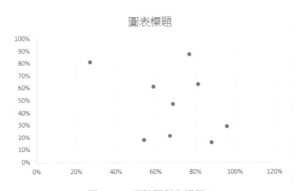

圖 5-32　矩陣圖製作過程 1

NOTE　繪製散佈圖時只需要選擇橫座標與垂直軸對應的值即可，無須將指標名稱、欄位名稱、平均值也選入繪圖資料範圍，否則將無法繪製出所需的散佈圖。

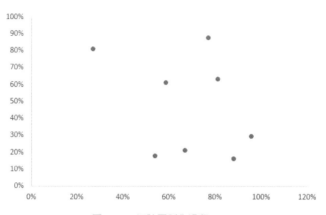

STEP 03   **圖表處理**

1) 刪除多餘元素：刪掉"圖表標題"、"格線"，將圖表區和繪圖區的框線和填滿設定為無，如圖 5-33 所示。

圖 5-33   矩陣圖製作過程 2

Mr.P：「Jenny，這是常見的散佈圖，如何將它變成矩陣形式呢？除了透過插入線條的方式繪製十字交叉輔助線外，還有其他方法嗎？」

Jenny 抓頭：「想不出來呀。」

Mr.P：「你仔細觀察這個散佈圖，發現沒有，橫、垂直軸是多餘的，但我們能否"廢物利用"呢？能不能移動座標軸，比如將水平軸往上移，垂直軸往右移？」

Jenny：「呀！它還真可以移動。」

2) 移動橫、垂直軸，製作四個象限輔助線：用滑鼠按右鍵水平軸，從功能表中選擇【設定座標軸格式】，在彈出的【設定座標軸格式】對話方塊【座標軸選項】下，將【垂直軸交叉於】下的【座標軸值】設定為"0.69"，"0.69"就是"市場占有率"的平均值。另外，順便將【刻度線】欄中的【主要刻度類型】【次要刻度類型】、【標籤】欄中的【標籤位置】項都設定為【無】，如圖 5-34 所示。

圖 5-34   【設定座標軸格式】
對話方塊

以同樣的操作方法調整垂直軸的【水平軸交叉於】，設定【座標軸值】為 "0.47"，並將刻度線及標籤均設定為無，矩陣圖的十字交叉輔助線就繪製好了，設定完成後的效果如圖 5-35 所示。

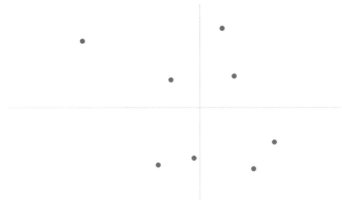

圖 5-35　矩陣圖製作過程 3

3) 增加矩陣圖外框：矩陣圖外框直接透過設定繪圖區的框線實現，用滑鼠按右鍵圖表空白區，從功能表中選擇【繪圖區格式】，【繪圖區選項】下，將【框線】設定為【實心線條】，【顏色】設定為淺灰色（RGB：191，191，191），如圖 5-36 所示。

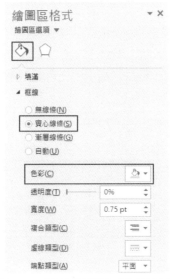

圖 5-36　【設定繪圖區格式】對話方塊

4) 調整矩陣圖佈局：用滑鼠按右鍵水平軸，從功能表中選擇【設定座標軸格式】，在彈出的【設定座標軸格式】對話方塊中的【座標軸選項】下，設定水平軸的【最小值】【最大值】分別為 "0.0" 和 "1.5"。以同樣操作將垂直軸的【最小值】【最大值】分別設定為 "0.0" 和 "1.0"，設定完成後的效果如圖 5-37 所示。

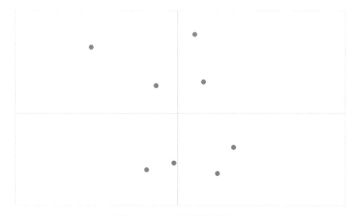

圖 5-37　矩陣圖製作過程 4

5) 調整資料點標記大小：用滑鼠按右鍵任意資料點，從功能表中選擇【資料數列格式】，【數列選項】下，打開【線條與填滿】，按一下【標記】，在【標記選項】下按一下【內建】，並設定【大小】為 "12"，如圖 5-38 所示。

圖 5-38　【資料數列格式】對話方塊

6) 增加標籤：先增加產品標籤，用滑鼠按右鍵任意資料點，從功能表中選擇【新增資料標籤】，這時新增資料標籤並不是我們要的產品標籤。用滑鼠按右鍵剛增加的任意資料標籤，從功能表中選擇【新增資料標籤格式】，在彈出的【設定資料標籤格式】對話方塊下透過【儲存格的值】將資料標籤的值更改為產品名稱（A2:A9 儲存格區域），並將預設勾選的 "Y值" 取消勾選。然後透過插入文字方塊方式，增加 "高"、"低"、"成長率"、"市場占有率" 等文字標籤以及四個象限的編號，設定完成後的效果如圖 5-39 所示。

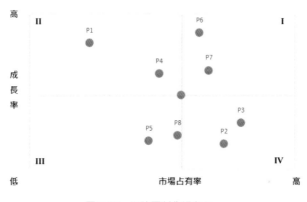

圖 5-39　矩陣圖製作過程 5

STEP 04　美化圖表

對每個象限中的資料點填滿色、產品標籤字體顏色、象限編號字體顏色進行設定，以提高矩陣的可讀性。

將第一象限設定為綠色（RGB：54，188，155），將第二象限設定為黃色（RGB：237，125，49），將第三象限設定為淺灰色（RGB：191，191，191），將第四象限設定為藍色（RGB：59，174，218）。

需要注意的是，每個數據點的填滿色需要一個一個數據點單獨設定，暫無批次設定的方法。設定完成後的效果如圖 5-30 所示。

Mr.P：「矩陣圖就繪製完畢啦。」

Jenny：「效果看起來還不錯喔。」

5.4　泡泡矩陣圖

Mr.P：「位置分佈分析常用的第二個資訊圖為泡泡矩陣圖。剛才學習如何在 Excel 中繪製矩陣圖，它是一個最常用的二維資料矩陣圖。如果需要再加入一個指標進行對比分析該怎麼辦呢？這個時候就需要用到泡泡矩陣圖了。」

泡泡圖是一種特殊類型的散佈圖，它是散佈圖的擴展，相當於在散佈圖的基礎上增加了第三個變數，即泡泡的面積，其指標對應的數值越大、則泡泡越大，相反，數值越小、則泡泡越小，所以泡泡圖可以用於分析更加複雜的資料關係。

如圖 5-40 所示，在這個案例中，除了市場占有率和成長率，還增加第三個關鍵指標銷售金額，透過泡泡的大小來表現，泡泡越大說明銷售金額越高，反之銷售金額越低。

圖 5-40　泡泡矩陣圖示例

STEP 01　**數據準備**

泡泡矩陣圖資料來源仍為某公司產品銷售資料，除了市場占有率和成長率，還增加一列銷售金額，如圖 5-41 所示。

STEP 02　**繪製基礎圖表**

繪製泡泡圖，選中 B2:D9 儲存格區域，按一下【插入】選項，在【圖表】中按一下【插入 XY 散佈圖或泡泡圖】中的【泡泡圖】，產生的圖表如圖 5-42 所示。

	A	B	C	D
1	產品	市場佔有率	成長率	銷售金額
2	P1	27%	81%	1,488
3	P2	88%	16%	650
4	P3	96%	30%	1,125
5	P4	59%	61%	2,085
6	P5	54%	18%	3,158
7	P6	77%	88%	4,215
8	P7	81%	63%	1,510
9	P8	67%	21%	458
10	平均值	69%	47%	

圖 5-41　產品銷售資料

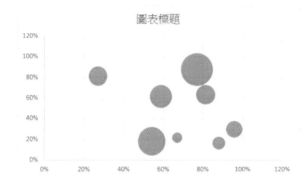

圖 5-42　泡泡矩陣圖製作過程 1

STEP 03　**圖表處理**

1) 調整泡泡的大小：用滑鼠按右鍵任意泡泡，從功能表中選擇【資料數列格式】，在彈出的【資料數列格式】對話方塊【數列選項】下，設定【調整泡泡的大小為】為 "40"，如圖 5-43 所示。

2) 採用繪製二維矩陣的方法，使用市場占有率和成長率的平均值調整水平、垂直軸的位置，去除 "標題"、"格線"、"座標軸標籤" 等不必要的元素，新增資料標籤並將資料標籤透過【儲存格的值】的功能更改為產品名稱（A2:A9 儲存格區域），設定完成後的效果如圖 5-44 所示。

圖 5-43　【資料數列格式】對話方塊

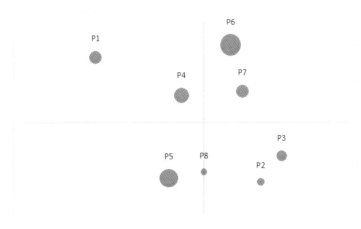

圖 5-44　泡泡矩陣圖製作過程 2

3) 透過插入文字方塊的方式，增加 "高"、 "低"、 "成長率"、 "市場占有率" 等文字標籤以及四個象限的編號，設定完成後的效果如圖 5-45 所示。

STEP 04　**美化圖表**

對每個象限中的泡泡填滿色、產品標籤字體顏色、象限編號字體顏色進行設定。

將第一象限設定為綠色（RGB：54，188，155），將第二象限設定為黃色（RGB：237，125，49），將第三象限設定為淺灰色（RGB：191，191，191），將第四象限設定為藍色（RGB：59，174，218）。

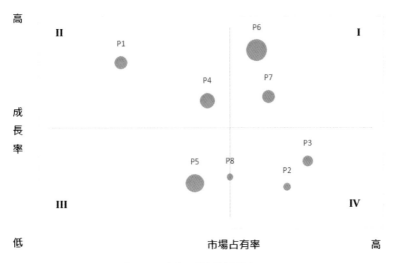

圖 5-45　泡泡矩陣圖製作過程 3

「與矩陣圖一樣，每個泡泡的填滿色需要一個一個泡泡單獨設定，暫無批次設定的方法。設定完成後的效果如圖 5-40 所示，這樣泡泡矩陣圖就繪製完成了。」

Jenny：「嗯，有了矩陣圖的繪製經驗，繪製泡泡矩陣圖就容易多了。」

5.5　本章小結

Mr.P：「Jenny，分佈分析類資訊圖的繪製方法學習完了，我們一起來回顧下所學的內容。」

1) 學習長條圖的兩種繪製方法，一種是直接透過 Excel 中的長條圖繪製，另外一種是透過 VLOOKUP 的大約符合功能進行自訂群組距分組，再利用直條圖繪製長條圖。

2) 學習次序反轉法和負值法實現條形翻轉的技巧以繪製金字塔圖，並學習了透過更改資料格式處理負值顯示問題的方法。

3) 學習矩陣圖中十字交叉輔助線製作的技巧。

4) 學習泡泡矩陣圖中泡泡大小的設定技巧。

Jenny：「嗯，又學到很多新的、實用的方法與技巧，回去後我會多加練習與實踐的。」

NOTE

6

趨勢分析

Jenny 一下班就來到 Mr.P 辦公桌旁：「Mr.P，今早在經營分析會上，有同事被報告中使用的資訊圖吸引住，都來問我是怎麼繪製的。」

Mr.P 心裡充滿喜悅：「不錯嘛，都當起小老師了。」

Jenny 微笑著說：「嘻嘻！這都是您的功勞，今天我們學習什麼圖？我好回去繼續教他們。」

Mr.P：「那今天我們就一起學習趨勢分析類的資訊圖吧。先來看看什麼是趨勢分析法。」

Jenny 點了點頭：「嗯嗯！」

Mr.P：「趨勢分析法是應用事物時間發展的延續性原理來預測事物發展趨勢的。它有一個前提假設：事物發展具有一定的連貫性，即事物過去隨時間發展變化的趨勢，也是今後該事物隨時間發展變化的趨勢。只有在這樣的前提假設下，才能進行趨勢預測分析。

趨勢分析常見的資訊圖有折線圖、區域圖、趨勢泡泡圖等，可以根據實際需要選擇相應的圖形進行呈現。」

6.1　折線圖

Mr.P：「折線圖是趨勢分析中最常用的圖形，它是用直線段將各資料點連接起來而組成的圖形，以折線方式顯示資料隨著時間推移的變化趨勢，所以也稱為趨勢圖。

圖 6-1 所示這個折線圖展示某產品 2018 年 12 個月的使用者滿意度變化情況，可以看出滿意度呈現緩慢上升的趨勢，從 1 月的 4 分增長到 12 月的 9 分，但 7 月滿意度突然下降至 4 分，之後 8 月又提升至 8 分，這就需要瞭解是什麼原因使得 7 月用戶滿意度突然下降。」

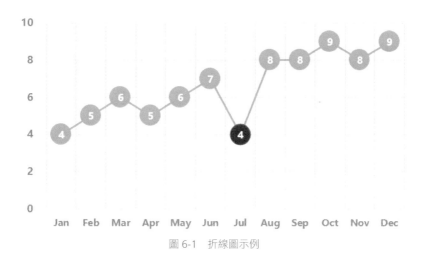

圖 6-1　折線圖示例

下面就一起學習在 Excel 中繪製美觀的折線圖。

STEP 01　數據準備

折線圖資料來源為某產品 2018 年各月使用者的滿意度評分，如圖 6-2 所示。

	A	B
1	月份	滿意度
2	Jan	4
3	Feb	5
4	Mar	6
5	Apr	5
6	May	6
7	Jun	7
8	Jul	4
9	Aug	8
10	Sep	8
11	Oct	9
12	Nov	8
13	Dec	9

圖 6-2　某產品 2018 年各月使用者滿意度評分

STEP 02 繪製基礎圖表

繪製折線圖，選中 A1:B13 儲存格區域，按一下【插入】選項，在【圖表】中按一下【插入折線圖或區域圖】中的【含有資料標記的折線圖】，產生的圖表如圖 6-3 所示。

圖 6-3　折線圖繪製過程 1

Jenny：「這個不就是我們平常繪製的普通折線圖嗎？」

Mr.P：「是的，我們可以根據我們的需求進一步美化圖表。」

STEP 03 美化圖表

1) 刪除 "滿意度" 圖表標題，將圖表區和繪圖區的框線和填滿都設定為無。

2) 新增資料標籤：用滑鼠按右鍵任意折線，按一下【新增資料標籤】，用滑鼠按右鍵任意資料標籤，選擇【資料標籤格式】，【標籤選項】下【標籤位置】選擇【置中】，將資料標籤、X 軸標籤字體設定為 "微軟正黑體"，字型大小設定為 "11" 並選中 "加粗"，調整後的效果如圖 6-4 所示。

圖 6-4　折線圖繪製過程 2

3) 調整資料標記大小與顏色：用滑鼠按右鍵折線，選擇【資料數列格式】，【數列選項】下按一下【填滿與框線】，按一下【標記】，點開【標記選項】選擇【內建】，然後將【大小】改為 "25"，【填滿】與【框線】都設定為綠色（RGB：54，188，155），將資料標籤字體顏色設定為白色，設定後的圖表效果如圖 6-5 所示。

4) 調整折線顏色：用滑鼠按右鍵折線，從【資料數列格式】對話方塊的【數列選項】下按一下【填滿與框線】，按一下【線條】，選擇【實心線條】，然後將【顏色】設定為綠色（RGB：54，188，155），設定【寬度】為 "2.5 pt"，設定完成後的效果如圖 6-6 所示。

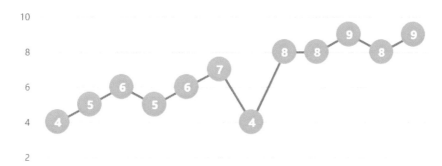

圖 6-5　折線圖繪製過程 3

圖 6-6　折線圖繪製過程 4

5) 更改 7 月資料標記的顏色：按一下折線，然後再按一下一次 7 月的資料標記，以
　　單獨選中 7 月的資料標記，按一下滑鼠右鍵，選擇【資料點格式】，在【數列選項】
　　下按一下【填滿與框線】，按一下【標記】，將【填滿】和【框線】的顏色均設
　　定為紅色（RGB：255，0，0），設定完成後的效果如圖 6-7 所示。

6) 新增垂直格線：按一下選中圖表，按一下【設計】選項，在【新增圖表項目】，
　　按一下【格線】，按一下【第一主垂直】，如圖 6-8 所示，最後美化下 X 軸、
　　Y 軸標籤，將 X 軸、Y 軸標籤字體設定為 "加粗"，顏色設定為深灰色（RGB：
　　127，127，127），好了，一個折線圖就繪製完成了，效果如圖 6-1 所示。

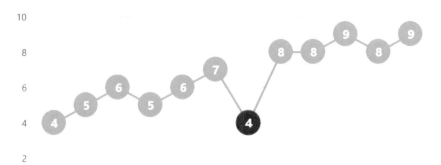

圖 6-7　折線圖繪製過程 5

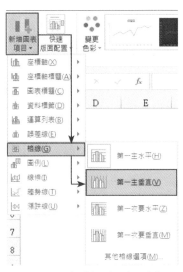

圖 6-8　選擇【新增圖表元素】

Jenny：「果然效果好很多。」

Mr.P：「最後一步，新增垂直格線不是必需的，可以根據實際需求選擇新增。」

6.2　區域圖

Mr.P：「趨勢分析常用的第二個資訊圖為區域圖，如圖 6-9 所示。」

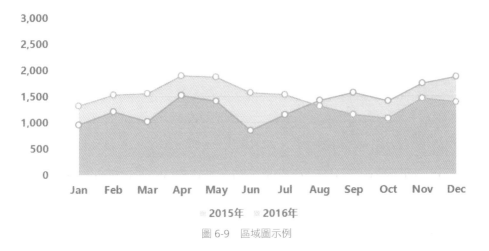

圖 6-9　區域圖示例

「區域圖是透過面積的大小展示資料隨時間變化的趨勢，堆積區域圖和百分比堆積區域圖還可以顯示部分與整體的關係。

假如把區域圖的填滿色去除，只保留折線，就會發現這就是折線圖，所以區域圖與折線圖一樣，可用於呈現趨勢。」

Jenny 聽了頓時感覺醍醐灌頂：「真的耶，平時還真沒注意到。」

Mr.P 笑道：「哈哈，有一點需要注意，繪製區域圖時，不建議在一個圖表上展示太多專案，否則會給人雜亂的感覺，也無法有效地傳遞資訊。」

Jenny：「好的。」

Mr.P：「圖 6-9 所示的區域圖展示兩個專案數列，透過透明色的設定，避免兩個數列互相覆蓋、遮擋資料的問題。下面一起來學習這個區域圖在 Excel 中的繪製方法。」

6.2.1 區域圖一

STEP 01 **數據準備**

區域圖資料來源為某公司 2015 年和 2016 年每月的商品銷量資料，如圖 6-10 所示。

月份	2015年	2016年
Jan	965	1,324
Feb	1,214	1,534
Mar	1,019	1,556
Apr	1,524	1,898
May	1,412	1,879
Jun	854	1,578
Jul	1,154	1,541
Aug	1,418	1,312
Sep	1,578	1,154
Oct	1,412	1,078
Nov	1,745	1,458
Dec	1,874	1,388

圖 6-10　某公司 2015-2016 年商品月度銷量資料

STEP 02 **繪製基礎圖表**

繪製區域圖，選中 A1:C13 儲存格區域，按一下【插入】選項，在【圖表】中按一下【插入折線圖或區域圖】中的【平面區域圖】，產生的圖表如圖 6-11 所示。

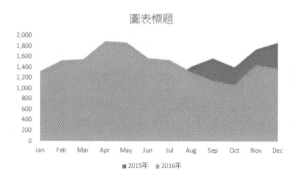

圖 6-11　區域圖繪製過程 1

STEP 03　**圖表處理**

1) 調整圖表填滿顏色：用滑鼠按右鍵"2015 年"數列區域圖，選擇【資料數列格式】，
【填滿與框線】下，【填滿】設定為綠色（RGB：54，188，155），【透明度】
設定為"50%"，如圖 6-12 所示。以同樣的操作方法設定"2016 年"數列的【填
滿】為黃色（RGB：246，187，67），【透明度】為"50%"。

圖 6-12　【資料數列格式】對話方塊

Jenny 不解地問道：「Mr.P，區域圖上每個節點都有一個小圓點，這是如何新增的
呀？」

Mr.P：「剛才介紹區域圖時說過，如果把區域圖的填滿色去除，只保留折線，就是
折線圖，那這個案例區域圖去除填滿色，不就是帶點的折線圖嗎？」

Jenny 恍然大悟道：「對對，所以只要再新增一個含有資料標記的折線圖，就可以
了。」

Mr.P：「是的，就是這個邏輯。」

2) 新增區域圖資料標記：選中 A1:C13 儲存格區域，同時按 "Ctrl+C" 複製資料，
然後用滑鼠按一下選中圖表，同時按 "Ctrl+V" 貼上資料，用滑鼠按右鍵區域圖，
選擇【變更數列圖表類型】，在彈出的【變更數列圖表類型】對話方塊中，將新
增 "2015 年" 和 "2016 年" 數列的【圖表類型】均改為【含有資料標記的折線圖】，
如圖 6-13 所示。

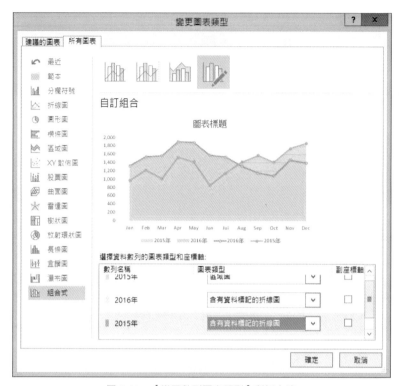

圖 6-13　【變更數列圖表類型】對話方塊

3) 調整折線圖：

① 用滑鼠按右鍵 "2015 年" 數列的折線圖，選擇【資料數列格式】，在彈出的【資料數列格式】對話方塊的【填滿與框線】下，按一下【標記】，打開【標記選項】，按一下選擇【內建】，大小設定為 "7"，【填滿】設定為白色，【框線】設定為綠色（RGB：54，188，155），框線【寬度】設定為 "1.75pt"。

② 按一下切換至【線條】選項，線條【顏色】設定為綠色（RGB：54，188，155），線條【寬度】設定為 "1.75pt"，"2015 年" 數列就設定好了。

③ 用同樣的方法調整 "2016 年" 數列折線，只是將綠色（RGB：54，188，155）替換為黃色（RGB：246，187，67），其他設定均相同，設定完成的效果如圖 6-14 所示。

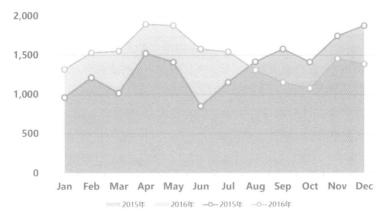

圖 6-14　區域圖繪製過程 2

STEP 04　美化圖表

1) 刪除兩個折線圖的圖例：用滑鼠按一下選中圖例，再次按一下需要刪除的圖例，按 Delete 鍵刪除，如圖 6-15 圖示。

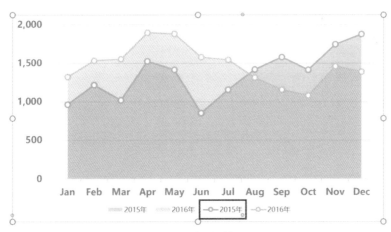

圖 6-15　區域圖繪製過程 3

2) 刪除 "圖表標題"，將圖表區和繪圖區的框線和填滿設定為無，將 X、Y 座標軸標籤字體設定為 "微軟正黑體"，字型大小設定為 "12" 並選中 "加粗"，字體顏色設定為深灰色（RGB：127，127，127），設定完成後的效果如圖 6-9 所示。

Jenny：「嗯嗯，效果不錯。」

6.2.2 區域圖二

Mr.P：「Jenny，接下來再來看另外一種區域圖，如圖 6-16 所示，這個區域圖主要展示的是目前 APP 登錄使用者數和增長率的資訊，區域圖變成一個配角，僅展示趨勢資訊，讓大家對整體的發展趨勢有個大概瞭解，所以區域圖上沒有標出各個節點的具體資料及對應的時間點。」

Jenny：「看起來很有一種高大的感覺。」

Mr.P：「是的，所以可以根據實際需求選擇展現相對應的資訊，下面我們就一起來學習在 Excel 中繪製這種區域圖。」

▎STEP 01　**數據準備**

區域圖資料來源為某 APP 月度登錄用戶數，如圖 6-17 所示。

圖 6-16　區域圖示例 2

	A	B
1	月份	登入用戶數
2	Jan	965
3	Feb	1,214
4	Mar	1,019
5	Apr	1,524
6	May	1,412
7	Jun	854
8	Jul	1,154
9	Aug	1,005
10	Sep	521
11	Oct	412
12	Nov	956
13	Dec	985

圖 6-17　某 APP 月度登錄用戶數

STEP 02 **繪製基礎圖表**

繪製區域圖，選中 A1:B13 儲存格區域，按一下【插入】選項，在【圖表】中按一下【插入折線圖或區域圖】中的【區域圖】，產生的圖表如圖 6-18 所示。

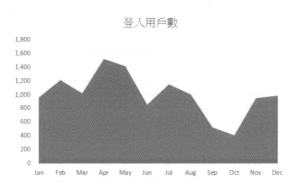

圖 6-18　區域圖繪製過程 3

STEP 03 **美化圖表**

1) 刪除 "圖表標題"、"格線"、"X 軸"、"Y 軸"，將圖表區和繪圖區的框線和填滿設定為無，調整後的效果如圖 6-19 所示。

圖 6-19　區域圖繪製過程 4

2) 設定繪圖區和區域圖填滿色：用滑鼠按右鍵繪圖區，選擇【繪圖區格式】，【填滿與框線】下，將【填滿】設定為紅色（RGB：247，71，71），然後用滑鼠按右鍵區域圖，選擇【資料數列格式】，在【資料數列格式】對話方塊的【填滿與框線】下，將【填滿】設定為粉色（RGB：250，148，148），調整後的效果如圖 6-20 所示。

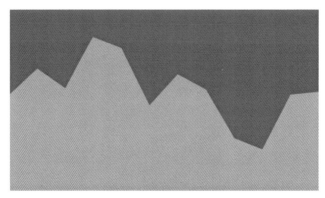

圖 6-20　區域圖繪製過程 5

3) 新增關鍵指標資訊：按一下【插入】選項，插入文字方塊，新增文字 "985"、"12月登錄用戶數"，然後插入一個圓角矩形，放在右上角位置，將填滿設定為深紅色（RGB：192，0，0），新增增長率文字 "+3%"，將所有文字字體設定為 "微軟正黑體"，字型大小設定為 "20" 並選中 "加粗"，字體顏色設定為白色，設定完成的效果如圖 6-16 所示，這個區域圖表就製作完了。

Jenny：「原來一點都不難，整體效果也蠻好的。」

6.3　趨勢泡泡圖

Mr.P：「趨勢分析常用的第三個資訊圖為趨勢泡泡圖，即在時間軸上採用泡泡圖展示資料變化的趨勢，圖 6-21 展示某 APP 每月用戶登入數的變化趨勢。」

某APP每月用戶登入數

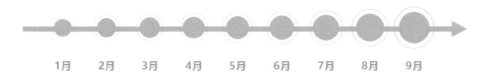

| 1550 | 1808 | 2065 | 2321 | 2509 | 2816 | 3247 | 3745 | 4632 |

| 1月 | 2月 | 3月 | 4月 | 5月 | 6月 | 7月 | 8月 | 9月 |

圖 6-21　趨勢泡泡圖示例

下面我們就一起學習在 Excel 中繪製趨勢泡泡圖。

STEP 01　數據準備

看下資料來源，如圖 6-22 所示，X 軸用於確定氣泡的水平位置，X 軸值是一列從 1 到 12、公差為 1 的等差數列，使氣泡在水平方向上以 1 個單位依次排開。Y 軸用於確定氣泡的垂直高度，Y 軸值為 0，代表氣泡就在 X 軸上。氣泡大小為登錄用戶數。

1	數據系列	1月	2月	3月	4月	5月	6月	7月	8月	9月
		A	B	C	D	E	F	G	H	I	J
2	X軸	1	2	3	4	5	6	7	8	9
3	Y軸	0	0	0	0	0	0	0	0	0
4	泡泡大小 （登入用戶數）	1550	1808	2065	2321	2509	2816	3247	3745	4632
5	X軸標籤泡泡大小	5000	5000	5000	5000	5000	5000	5000	5000	5000

圖 6-22　某 APP 每月用戶登入數

Jenny 好奇地問道：「資料表第 5 行 "X 軸標籤氣泡大小" 這行資料是用來幹嘛的呢？已經有一行 "氣泡大小" 的資料了，為什麼還要有另外一行氣泡大小的資料？」

Mr.P 微微一笑：「Jenny，別急，到時候你就知道了。下面我們一起來學習在 Excel 中如何繪製趨勢泡泡圖。」

STEP 02　繪製基礎圖表

繪製泡泡圖，選中 B2:J4 儲存格區域（注意只選中資料部分即可），按一下【插入】選項，在【圖表】中按一下【插入 XY 散佈圖或泡泡圖】中的【泡泡圖】，產生的圖表如圖 6-23 所示。

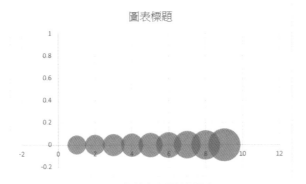

圖 6-23　趨勢泡泡圖繪製過程 1

STEP 03 **圖表處理**

1) 調整 X 軸上氣泡的分佈位置：用滑鼠按右鍵 X 軸，選擇【座標軸格式】，【座標軸選項】下，【最小值】設定為"0.5"，【最大值】設定為"9.5"，如圖 6-24 所示。然後選中圖表，將圖表往右側拖拉放大至氣泡無相互重疊，設定完成的效果如圖 6-25 所示。

圖 6-24　【設定座標軸格式】對話方塊

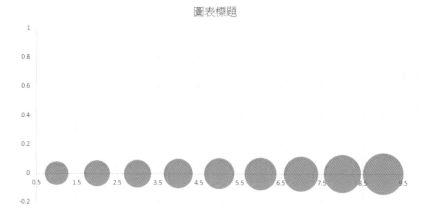

圖 6-25　趨勢泡泡圖繪製過程 2

2) 調整 Y 軸上氣泡的分佈位置：用滑鼠按右鍵 Y 軸，選擇【座標軸格式】，【座標軸選項】下，【最小值】設定為"-1"，【最大值】設定為"1"，設定完成的效果如圖 6-26 所示。

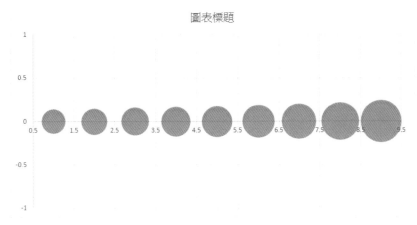

圖 6-26 趨勢泡泡圖繪製過程 3

3) 新增資料標籤：用滑鼠按右鍵任意氣泡，選擇【新增資料標籤】， 這時新增的資料標籤均為 "0"，用滑鼠按右鍵剛新增的任意資料標籤，選擇【資料標籤格式】，【標籤選項】下，勾選【氣泡大小】，取消勾選【Y 值】、【顯示引導線】， 並設定【標籤位置】為【上】，如圖 6-27 所示，設定完成的效果如圖 6-28 所示。

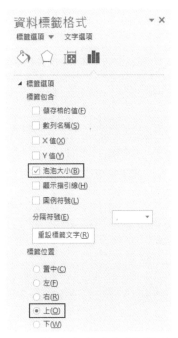

圖 6-27 【設定資料標籤格式】對話方塊

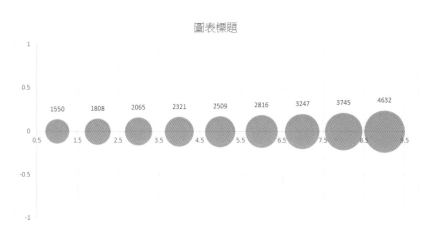

圖 6-28　趨勢泡泡圖繪製過程 4

Mr.P：「Jenny，現在就差 X 軸的月份標籤需要新增，原來的 X 軸標籤是數字，X 軸標籤是不可以透過【儲存格中的值】進行設定替換的，你有什麼好的辦法嗎？」

Jenny：「嗯，我想一下，可以透過插入文字方塊來新增吧？」

Mr.P 點了點頭：「這是一種方法，當 X 軸標籤較少時，可以用這種方法，如果 X 軸標籤較多時，一個個插入有點煩瑣喔！」

Jenny：「那您有什麼方便快速的方法嗎？」

Mr.P 繼續啟發地說：「你還記得剛開始你發現的 "X 軸標籤氣泡大小" 這行數據嗎？你現在知道它用來做什麼用的吧。」

Jenny 興奮地說道：「難道繪製另一個泡泡圖，用於新增 X 軸資料標籤？」

Mr.P 滿意地說道：「你說對了，我們用 "X 軸"、"Y 軸"、"X 軸標籤氣泡大小" 這 3 行資料再繪製一個泡泡圖，然後就可以新增 X 軸月份標籤了。」

4) 新增 X 軸標籤：

① 繪製用於新增 X 軸標籤的泡泡圖：用滑鼠按右鍵圖表任意位置，選擇【選取資料】，在彈出的【選取資料來源】對話方塊的【圖例項目（數列）】下，按一下【新增】按鈕，在彈出的【編輯資料數列】對話方塊中，設定新泡泡圖的資料來源，相關設定參數如圖 6-29 所示，然後按一下【確定】按鈕返回【選取資料來源】對話方塊，在選中剛新增的"X 軸標籤氣泡大小"數列狀態下，按一下【圖例項目（數列）】中的【上移】箭頭，這樣就可以使剛新增的泡泡圖置於原泡泡圖下方，便於後續我們選擇不同的泡泡圖，設定完成的效果如圖 6-30 所示。

圖 6-29 【編輯資料數列】對話方塊

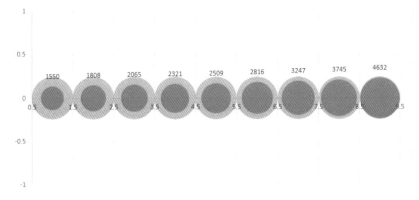

圖 6-30 趨勢泡泡圖繪製過程 5

② 新增 X 軸標籤：用滑鼠按右鍵剛新增的任意橙色泡泡圖，選擇【新增資料標籤】，這時新增的資料標籤同樣均為 "0"，用滑鼠按右鍵剛新增的任意資料標籤，選擇【資料標籤格式】，【標籤選項】下，勾選【儲存格中的值】，將資料標籤的值更改為月份（B1:J1 儲存格區域），取消勾選【Y 值】【顯示引導線】，並設定【標籤位置】為【下】，設定完成的效果如圖 6-31 所示。

圖表標題

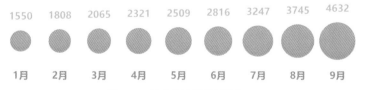

圖 6-31　趨勢泡泡圖繪製過程 6

STEP 04　**美化圖表**

1) 刪除 "圖表標題"、"格線"、"X 軸"、"Y 軸"，將圖表區、繪圖區的框線和填滿均設定為無。

2) 將資料標籤字體設定為 "微軟正黑體"，字型大小設定為 "12" 並選中 "加粗"，字體顏色設定為綠色（RGB：54，188，155）。

3) 將 X 軸月份標籤字體設定為 "微軟正黑體"，字型大小設定為 "12" 並選中 "加粗"，字體顏色設定為深灰色（RGB：127，127，127）。

4) 將 X 軸標籤氣泡的框線和填滿均設定為無，設定完成的效果如圖 6-32 所示。

圖 6-32　趨勢泡泡圖繪製過程 7

STEP 05　**圖片素材與圖表組合**

1) 綠色泡泡圖素材準備：按一下【插入】選擇【形狀】中的"圓形"，將【形狀填滿】設定為白色，將【形狀輪廓】顏色設定為綠色（RGB：54，188，155）。再插入一個小一點的圓形，【形狀填滿】和【形狀輪廓】為綠色（RGB：54，188，155），將兩個圓形組合到一起，如圖 6-33 所示。

圖 6-33　趨勢泡泡圖繪製過程 8

2) 將氣泡替換成綠色泡泡圖示：先按"Ctrl+C"複製綠色泡泡圖示素材，選中圖表中的藍色氣泡，然後按"Ctrl+V"貼上，設定完成的效果如圖 6-34 所示。

圖 6-34　趨勢泡泡圖繪製過程 9

3) 插入往右的橫向箭頭：按一下【插入】選項，在【圖案】中【線條】裡面的【箭頭】，將【線條】的【形狀輪廓】顏色設定為綠色（RGB：54，188，155），【寬度】設定成"6 pt"，設定完成的效果如圖 6-35 所示，然後把箭頭移至氣泡中間，並置於泡泡圖的底層，類似 X 軸，設定完成後的效果如圖 6-36 所示。

圖 6-35　趨勢泡泡圖繪製過程 10

圖 6-36　趨勢泡泡圖繪製過程 11

4) 製作標題：插入文字方塊新增標題文字 "某 APP 月登錄使用者數趨勢"，文字字體設定為 "微軟正黑體"，字型大小設定為 "28"，顏色設定為深灰色（RGB：127，127，127），最後將插入的標題文字方塊和原來的泡泡圖的所有元素組合到一起，效果如圖 6-21 所示，趨勢泡泡圖就完成了。

Jenny：「太棒了。」

6.4 本章小結

Mr.P：「Jenny，趨勢分析常用的三個資訊圖繪製方法學習完了，我們一起來回顧下今天所學的內容。」

1) 趨勢分析的基礎圖表以折線圖、區域圖和趨勢泡泡圖為主。

2) 學習繪製美觀的折線圖的方法。

3) 學習在區域圖上透過新增折線圖的方式新增資料標記的技巧。

4) 學習設定座標軸最大、最小值來調整氣泡位置。

5) 學習新增新的泡泡圖以新增 X 軸月份標籤的技巧。

7

轉換率資料分析

晚上 8 點半，Mr.P 將電腦關機準備下班，發現 Jenny 還在忙，就問道：「Jenny，怎麼還不下班呀？」

Jenny 愁眉苦臉地說：「下班前，董事長跟我說這幾天客戶結帳率明顯下降，讓我分析是什麼原因，到現在我都還沒有什麼眉目呢。」

Mr.P 聽了微微一笑：「這個可以考慮從交易各個階段的轉換情況入手，看看是哪個階段轉換出現問題。」

Jenny 追問道：「什麼是轉換？」

Mr.P 轉身拉了一張椅子坐下說道：「轉換是指完成指定目標的使用者占總體使用者的比例，也稱為轉換率。

在網路產品和營運方面，轉換率資料分析是最為核心和關鍵的分析方法。轉換率資料分析是針對業務流程診斷的一種分析方法，透過對某些關鍵路徑轉換率的分析，可以更快地發現業務流程中存在的問題。

以我們公司網站購物為例，一次成功的購買行為主要分為瀏覽商品、加入購物車、提交訂單、支付訂單、完成訂單等多個階段，任何一個階段出現問題都可能導致用戶最終放棄購買。」

Jenny 繼續追問道：「那如何進行轉換率資料分析呢？」

Mr.P：「轉換率資料分析主要透過漏斗圖、WIFI 圖等視覺化圖表進行呈現，那我們現在就一起來學習這兩個圖吧。」

7.1　漏斗圖

Mr.P：「漏斗圖，也稱漏斗圖分析法，它從業務流程的角度進行對比分析，透過分析各階段的轉換變化定位問題，主要是以漏斗的形式表現分析結果。

圖 7-1 所示的這個水滴漏斗圖表現線上銷售業務的五個購物階段：瀏覽商品、加入購物車、提交訂單、支付訂單、完成訂單。」

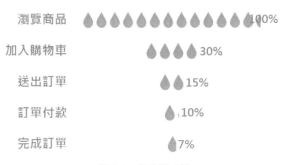

圖 7-1　漏斗圖示例

「透過此圖表可以看到每個階段的轉換率，瀏覽商品的用戶中有 30% 加入購物車，15% 的使用者提交訂單，10% 的使用者支付訂單，最終 7% 的使用者成功完成訂單。

水滴漏斗圖為普通漏斗圖與水滴圖示素材組合，看起來非常生動。」

Jenny 好奇地問道：「那如何進行轉換率資料分析呢？那這個水滴漏斗圖是如何製作的呢？」

Mr.P：「為了方便理解，我們先將漏斗圖拆解還原一下，看看它是在哪個圖表的基礎上繪製的，下面來看圖 7-2。」

圖 7-2　漏斗圖的拆解還原

Jenny 仔細觀察後興奮地說：「Mr.P，漏斗圖是在堆疊橫條圖的基礎上繪製的。」

Mr.P：「沒錯，拆解還原後的漏斗圖其實就是堆疊橫條圖，灰色的條形負責將藍色的條形 "擠" 到中間，然後將灰色條形隱形，將藍色條形替換成水滴圖示就可以了。」

Jenny 自言自語道：「藍色條形的數值就是每個階段的用戶數，那灰色條形的數值是多少呢？」

Mr.P：「Jenny，你再仔細觀察思考下。」

過了一會兒，Jenny 興奮地說：「我知道了，藍色條形排在中間，那麼灰色條形的數值應該等於（瀏覽商品用戶數－每個階段的用戶數）／2，這樣就能將藍色條形剛好"擠"到中間的位置。」

Mr.P 肯定地說：「不錯，下面我們一起來學習在 Excel 中繪製水滴漏斗圖。」

STEP 01　數據準備

水滴漏斗圖的資料來源為某電商公司用戶線上購物各個階段的轉換數，如圖 7-3 所示。A 列為購物階段的名稱，B 列為每個階段的用戶數，用於繪製藍色的條形，C 列為輔助列，用於繪製灰色條形，D 列為整體轉換率，用於增加轉換率標籤。

第 N 階段輔助列 =（第一階段進入人數－第 N 階段進入人數）/2

第 N 階段整體轉換率 = 第 N 階段進入人數 / 第一階段進入人數

C2			f_x	=($B$2-B2)/2
	A	B	C	D
1	購物階段	用戶數	輔助列	整體轉換率
2	瀏覽商品	15,000	0	100%
3	加入購物車	4,500	5,250	30%
4	送出訂單	2,250	6,375	15%
5	訂單付款	1,500	6,750	10%
6	完成訂單	1,000	7,000	7%

圖 7-3　某電商公司各階段使用者購物轉換資料 1

STEP 02　繪製基礎圖表

繪製堆疊橫條圖，選中 A1:C6 儲存格區域資料，按一下【插入】選項，在【圖表】中按一下【插入直條圖或橫條圖】中的【堆疊橫條圖】，產生的圖表如圖 7-4 所示。

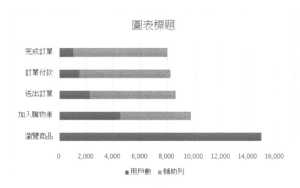

圖 7-4　漏斗圖繪製過程 1

STEP 03　圖表處理

1) 調整垂直座標軸各階段的順序：用滑鼠按右鍵垂直座標軸，選擇【座標軸格式】，在彈出的【座標軸格式】對話方塊【座標軸選項】中勾選【類別次序反轉】核取方塊，如圖 7-5 所示。

2) 將 "用戶數" 條形移至中間：用滑鼠按右鍵圖表，選擇【選取資料】，在彈出的【選取資料來源】對話方塊【圖例項目（數列）】中，按一下選中 "用戶數" 這個資料數列，按一下【下移】按鈕，如圖 7-6 所示，然後按一下【確定】按鈕。

圖 7-5　【設定座標軸格式】對話方塊

圖 7-6 【選取資料來源】對話方塊

3) 調整條形間距：用滑鼠按右鍵任意條形，選擇【資料數列格式】，在彈出的【資料數列格式】對話方塊【數列選項】下，將【類別間距】設定為 "80%"，如圖 7-7 所示。

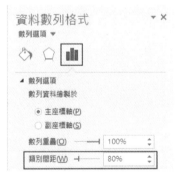

圖 7-7 【資料數列格式】對話方塊

4) 隱藏 "輔助列" 條形：用滑鼠按右鍵任意 "輔助列" 條形，選擇【資料數列格式】，在彈出的【資料數列格式】對話方塊中，將【填滿】及【框線】均設定為無，設定完成後的效果如圖 7-8 所示。

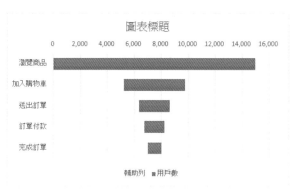

圖 7-8 漏斗圖繪製過程 2

STEP 04 美化圖表

1) 去除 "圖表標題"、 "圖例"、 "格線"、 "水平座標軸",將圖表區和繪圖區的框線和填滿均設定為無,將座標軸標籤字體設定為 "微軟正黑體",字型大小設定為 "16" 並選中 "加粗",字體顏色設定為深灰色(RGB:127,127,127)。

2) 新增資料標籤,用滑鼠按右鍵任意 "使用者數" 條形,選擇【新增資料標籤】,然後透過【儲存格中的值】功能,將資料標籤變更為 D2:D6 儲存格區域的整體轉換率,將標籤字體設定為 "微軟正黑體",字型大小設定為 "14" 並選中 "加粗",字體顏色設定為深灰色(RGB:127,127,127),並手動一一將標籤拖至對應條形右側,設定完成後的效果如圖 7-9 所示。

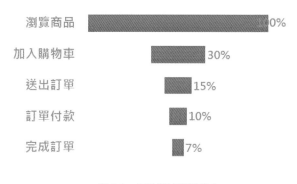

圖 7-9 漏斗圖繪製過程 3

STEP 05 圖片素材與圖表組合

1) 準備一個水滴圖示素材，填滿色設定為藍色（RGB：59，174，218），如圖 7-10 所示。

2) 選中水滴素材，按"Ctrl+C"複製，用滑鼠按右鍵任意條形，按"Ctrl+V" 貼上替換條形，【資料數列格式】於【填滿】點選"堆疊"，設定完成後的效果如圖 7-1 所示，漏斗圖就繪製好了。

Jenny：「效果不錯，我是不是也可以用小人圖示複製貼上替換條形呢？」

Mr.P：「可以的，圖 7-11 所示，就是用小人圖示複製貼上替換條形的效果， 圖示可以根據所展示的主題選擇合適的圖示替換即可。」

圖 7-10　漏斗圖繪製過程 4　　　　　圖 7-11　漏斗圖繪製過程 5

Jenny：「好的，明白啦。」

7.2　WIFI 圖

Mr.P：「在轉換率資料分析中，除了漏斗圖，還可以用 WIFI 圖展示轉換情況。WIFI 圖其實就是圓環版的漏斗圖，每個階段圓環的長度就代表該階段的用戶轉換比例，如圖 7-12 所示。」

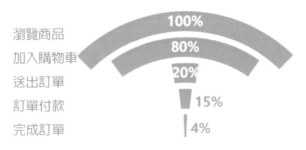

圖 7-12　WIFI 圖示例

「雖然我們已經知道 WIFI 圖是在環圈圖的基礎上繪製的,但為了方便理解與繪製,我們還是需要將 WIFI 圖拆解還原一下,看看它具體是如何繪製的,圖 7-13 即為 WIFI 圖的拆解還原。」

圖 7-13　WIFI 圖的拆解還原

下面我們一起來學習在 Excel 中如何繪製 WIFI 圖。

STEP 01　數據準備

WIFI 圖的基礎圖表很容易看出來,就是環圈圖,但是它的資料來源需要做特殊處理,如圖 7-14 所示,WIFI 圖的資料來源除了每個階段的轉換比例,還增加了三列輔助列:

1) 輔助列 1:輔助作用,類似漏斗圖,需要一個輔助列將主體轉換率數列圓環(WIFI 形狀)擠至中間的位置,也就是圖 7-13 第一個環圈圖中的藍色圓環部分,其大小為(第一階段轉換率 - 第 N 階段轉換率)/2。

2) 輔助列 2:用於繪製主體轉換率數列圓環(WIFI 形狀),也就是圖 7-13 第一個環圈圖中的綠色圓環部分,其大小為各階段轉換率的四分之一,例如第一階段瀏覽商品轉換率為 100%,在 WIFI 圖中就要縮小成為 25%。

3) 輔助列 3：用於繪製圓環的剩餘部分，其大小為 100%-"輔助列 1"-"輔助列 2"，這樣每一個階段三個輔助列的資料加總為 100%。

輔助列 1：輔助作用，使主體轉換率數列圓環（WIFI 形狀）居中，第 N 階段＝（第一階段轉換率 - 第 N 階段轉換率）/2

輔助列 2：用於繪製主體轉換率數列圓環（WIFI 形狀），其大小為各階段轉換率的四分之一，如 D2-B2/4

	A	B	C	D	E
1	行為	百分比	輔助列1	輔助列2	輔助列3
2	瀏覽	100%	0%	25%	75%
3	註冊	80%	3%	20%	78%
4	下單	20%	10%	5%	85%
5	付款	15%	11%	4%	86%
6	回購	4%	12%	1%	87%

輔助列 3：每一個階段三個輔助列的資料加總為 100%。構成整個轉換率數列圓環，如 E2=1-D2-C2

圖 7-14　某電商公司使用者購物各階段轉換資料 2

STEP 02　繪製基礎圖表

繪製環圈圖，選中 A1:A6，C1:E6 儲存格區域資料，按一下【插入】選項，在【圖表】中按一下【插入圓形圖或環圈圖】中的【環圈圖】，產生的圖表如圖 7-15 所示。

圖表標題

■瀏覽　■註冊　■下單　■付款　■回購

圖 7-15　WIFI 圖繪製過程 1

Jenny 驚奇地叫道：「呀！這個圖的效果離 WIFI 圖還差很遠呀。」

Mr.P：「別急，還需要做一些圖表處理。」

_{STEP} 03　**圖表處理**

1) 調整圓環的寬度：用滑鼠按右鍵任意圓環，選擇【資料數列格式】，在彈出的【資料數列格式】對話方塊【數列選項】下，設定【環圈內徑大小】為 "20%"，如圖 7-16 所示。

圖 7-16　【資料數列格式】對話方塊

2) 調整環圈圖數列：用滑鼠按右鍵圖表，選擇【選取資料】，在彈出的【選取資料來源】對話方塊中，按一下中間的【切換列 / 欄】按鈕，如圖 7-17 所示，設定完成後的效果如圖 7-18 所示。

圖 7-17　【選取資料來源】對話方塊

圖表標題

■輔助列1　■輔助列2　■輔助列3

圖 7-18　WIFI 圖繪製過程 2

Jenny：「現在好像有點樣子了，但好像圓環的順序反了？」

Mr.P：「對，我們繼續設定操作。」

3) 調整圓環順序：還是在剛才的【選取資料來源】對話方塊中，按一下選中 "瀏覽"
數列，按一下【向下】箭頭，調整至最下方，如圖 7-19 所示，將 "下單" 數列
移至倒數第二位，也就是 "瀏覽" 數列的上方，其餘資料數列按此方法依次調整，
設定完成後的效果如圖 7-20 所示。

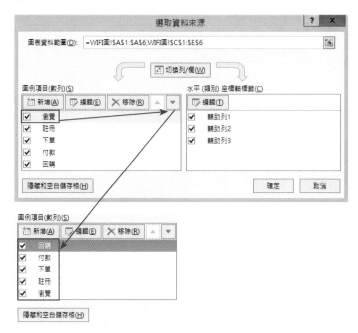

圖 7-19　【選取資料來源】對話方塊

圖 7-20　WIFI 圖繪製過程 3

4) 調整圓環角度，將代表轉換率的"輔助列 2"數列圓環旋轉到中間的位置：用滑鼠按右鍵任意圓環，選擇【資料數列格式】，在彈出的【資料數列格式】對話方塊【數列選項】下設定【第一扇區起始角度】為"315°"，如圖 7-21 所示，設定完成後的效果如圖 7-22 所示。

圖 7-21　【資料數列格式】對話方塊

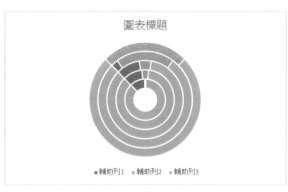

圖 7-22　WIFI 圖繪製過程 4

⸢STEP 04　美化圖表

1) 去除"圖表標題"、"圖例"，將圖表區和繪圖區的框線和填滿均設定為無。

2) 將"輔助列 1"和"輔助列 3"數列圓環的【框線】和【填滿】均設定為無，按一下"輔助列 2"數列圓環，也就是我們要展示的 WIFI 圖，將圓環【框線】顏色設定為白色，【寬度】設定為"6pt"，設定完成後的效果如圖 7-23 所示。

圖 7-23　WIFI 圖繪製過程 5

3) 透過插入文字方塊的方式增加每個購物階段的名稱及對應的資料標籤，將圓環填滿色設定為綠色（RGB：54，188，155），設定完成後的效果如圖 7-12 所示，WIFI 圖就繪製完成了。

Jenny：「Yes，原來 WIFI 圖是這樣繪製的。」

7.3　本章小結

Mr.P：「Jenny，轉換率資料分析類的資訊圖繪製方法已經學習完，我們一起來回顧今天所學的內容。」

1) 轉換率資料分析常用的基礎圖表是堆疊橫條圖和環圈圖，漏斗圖是在堆疊橫條圖的基礎上繪製的，WIFI 圖是在環圈圖的基礎上繪製的。

2) 漏斗圖和 WIFI 圖的繪製關鍵在於資料來源的處理，透過輔助列將主體部分"擠"至中間。

Jenny：「嗯嗯，這下董事長交代的問題我知道如何著手分析了。」

8

資訊圖報告

週五晚上下班後不久，Jenny 來到 Mr.P 辦公桌旁：「Mr.P，剛才董事長給我一個任務，讓我將去年公司的業績指標匯總製作成一張資訊圖報告，然後交給市場部的同事透過微信公眾號、微博等管道發佈。」

Mr.P 停下手中的工作，對著 Jenny 微笑地說：「這事我知道，是我向董事長推薦你來完成這項任務的。我已經將各種常用資訊圖的製作方法都教給你了，所以這項任務對你來說沒什麼問題。」

Jenny 高興地說：「謝謝 Mr.P 的推薦，單獨的資訊圖繪製對我來說沒問題，不過我還沒有製作過一張完整的資訊圖報告，所以以來跟您繼續取經。」

Mr.P 聽後笑道：「好吧。製作一張完整的資訊圖報告還是有規律可循的。我們就透過案例來看看如何製作一張完整的資訊圖報告。」

Jenny 激動地拍了拍小手：「太棒啦。」

8.1　微信資料報告

Mr.P：我們來看看微信官方發佈的"2019 微信資料報告"中的部分內容，如圖 8-1 所示，這部分微信資料報告介紹微信用戶運動、微信支付使用相關內容。

圖 8-1　微信資料報告範例

這部分微信資料報告主要採用關鍵數字加文字說明，並搭配資訊圖進行呈現。資料報告風格採用深灰色背景，主題色使用了微信 AI 綠色配色，搭配灰色和白色。接下來，我們就以此為例，學習如何製作資訊圖報告。

Jenny 拍了拍手：「好啊！好啊！」

Mr.P：「Jenny，先給你看我事先用 Excel 製作好的微信資料報告效果，如圖 8-2 所示，對比微信資料報告原圖，是否有區別？」

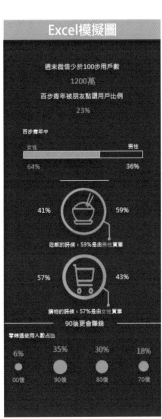

圖 8-2　微信資料報告原圖與 Excel 製作效果圖對比

Jenny 不由自主地張大了嘴：「哇！還原度非常高啊，除了兩個小圖示有點差別外，其他基本上沒有什麼差別呀！」

Mr.P：「那我們就來學習在 Excel 中如何繪製這個微信資料報告。」

Jenny：「好啊。」

1. 結構拆解和取色

Mr.P：「我們先將微信資料報告案例進行拆解，它的結構清晰，主要由 "關鍵數字 +
文字說明"、 "資訊圖 + 文字說明" 和 "小標題 + 資訊圖" 組成，如圖 8-3 所示。」

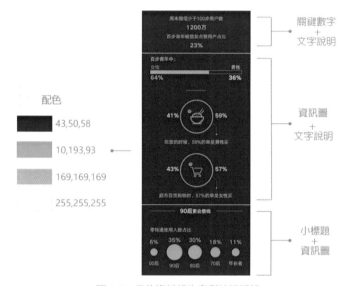

圖 8-3　微信資料報告案例結構拆解

然後選取微信資料報告裡的主要配色，可透過 PPT 中的【色彩選擇工具】功能選取
顏色：新建一張空白的幻燈片，將微信資料報告圖片插入幻燈片中，然後在圖片旁邊
插入一個矩形形狀，按一下【格式】選項【圖案外框】組中的【佈景主題顏色】，按
一下【色彩選擇工具】，如圖 8-4 所示，在微信資料報告中按一下選取需要的顏色。

圖 8-4　色彩選擇工具示例

2. 設定報告區域大小

Mr.P：「製作資訊圖報告之前，需要先確定好資訊圖報告的尺寸，規劃好每個部分包含的圖表個數及每個圖表的大小等。」

Jenny：「嗯，這個可以在 Excel 裡製作嗎？例如我想製作一個 800×600 像素的資訊圖報告，怎麼知道在 Excel 裡應該製作多大呢？」

Mr.P：「完全可以的，下面我教你一個方法： 」

1) 按一下【插入】選項【圖例】中的【圖案】，選擇【矩形】，用滑鼠按右鍵矩形，從選擇【設定圖案格式】，在彈出的【設定圖案格式】對話方塊中，在【圖案選項】下設定【大小】的【高度】為"800 像素"，如圖８５所示，【寬度】為"600 像素"，這裡高度、寬度數值框會自動轉換成相對應的公分。

圖 8-5　微信資料報告案例製作步驟 1

2) 將矩形移至 Excel 儲存格左上角，讓其頂著行號 A、列號 1 位置，將矩形右邊對應的儲存格調整至合適的位置，讓矩形恰好覆蓋整數個儲存格，然後選中矩形右側外的第一列，按快速鍵 "Ctrl+Shift+ →" 選中右側所有列，按一下滑鼠右鍵並從選擇【隱藏】，如圖 8-6 所示。用同樣的方法操作，按快速鍵 "Ctrl+Shift+ ↓" 選中矩形下方所有行並隱藏。

3) 選中矩形，用 Delete 鍵將其刪除。然後按一下【檢視】選項，在【顯示】中去除勾選【格線】，並將 Excel 表中可見的儲存格【填滿顏色】統一設定為深灰色（RGB：43，50，58），如圖 8-7 所示，這樣就完成了資訊圖報告區域的製作。

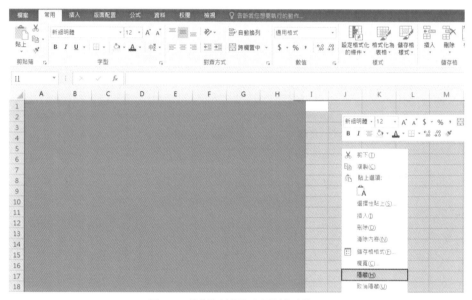

圖 8-6　微信資料報告案例製作步驟 2

圖 8-7　微信資料報告案例製作步驟 3

Mr.P：「接下來就可以在這個區域製作資訊圖報告了，這裡我們參考微信資料報告的版面製作就可以了。」

3. 繪製信息圖

Mr.P：「打開一個新的工作表，在新的工作表中，根據需要製作需要的資訊圖素材，然後將製作好的資訊圖素材複製貼上至資訊圖報告區域。透過觀察發現，我們需要製作的內容核心是 4 個資訊圖：1 個條形填滿圖、2 個環圈圖和 1 個趨勢泡泡圖。」

1) 繪製條形填滿圖

STEP 01　數據準備

條形填滿圖資料來源為百步青年中男女比例資料，如圖 8-8 所示。

	A	B
1	性別	比例
2	男	36%
3	女	64%
4	累計	100%

圖 8-8　微信資料報告案例數據 1

STEP 02　繪製基礎圖表

繪製直條圖，選中 A3:B4 儲存格區域，注意這裡選取的是 "女" 和 "累計" 的比例資料，按一下【插入】選項，在【圖表】組中按一下【插入直條圖或橫條圖】中的【群組橫條圖】，產生的圖表如圖 8-9 所示。

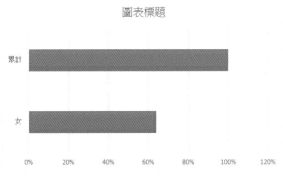

圖 8-9　微信資料報告案例製作步驟 4

◢STEP 03   圖表處理

接下來將 "累計" 和 "女" 兩個條形重疊在一起。

Mr.P：「Jenny，將兩個條形重疊在一起的方法，你還記得嗎？」

Jenny：「嗯嗯，在 KPI 達成分析部分學習過，在【資料數列格式】中將【數列選項】中的【數列重疊】設定為 "100%"，我來操作一下。」

Jenny 熟練地操作一遍後，發現兩個條形並沒有重疊在一起，Jenny 納悶了：「Mr.P，好奇怪啊，怎麼條形沒有重疊到一起呢？」

Mr.P 淡定地說：「你剛才將數列重疊值設定為 100%，但是要先檢查一下，資料來源裡有多少數列，如圖 8-10 所示，"圖例項" 裡面僅有一個 "數列 1"。」

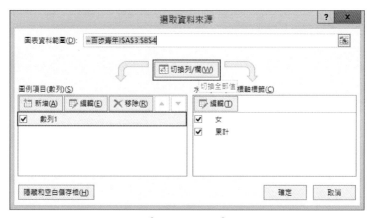

圖 8-10   【選擇資料來源】對話方塊

Jenny：「哦哦，我知道了，只有 1 個數列，所以設定數列重疊為 "100%" 也沒效果，那我按一下 "切換列 / 欄"，就轉換為 "女" 和 "累計" 2 個數列，如圖 8-11 所示，問題不就解決了！」

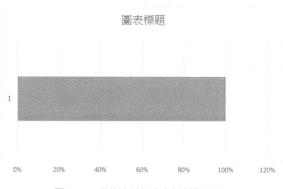

圖 8-11　微信資料報告案例製作步驟 5

Mr.P 滿意地點了點頭：「是的。另一個條形被覆蓋了，這時只需在【選擇資料】對話方塊中，將 "累計" 數列與 "女" 數列的順序對調一下，效果如圖 8-12 所示。」

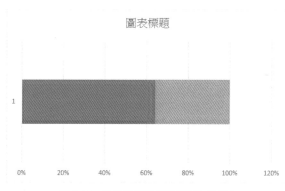

圖 8-12　微信資料報告案例製作步驟 6

STEP 04　美化圖表

1) 刪除圖表多餘元素：刪除 "圖表標題"、"格線"、"X 軸"、"Y 軸"，將圖表區和繪圖區框線和填滿均設定為無；

2) 將圖表複製貼上至資訊圖報告區域中，調整條形填滿顏色：滑鼠按右鍵橫條圖，按一下打開【資料數列格式】，滑鼠左鍵按兩下選中 "女" 數列橫條，將【資料數列格式】中的【填滿】顏色設定為綠色（RGB：10，193，93）；同樣的操作方法將 "累計" 數列的條形【填滿】顏色設定為 "無"，【框線】設定為 "白色"，效果如圖 8-13 所示。

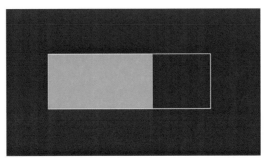

圖 8-13　微信資料報告案例製作步驟 7

3) 調整圖表大小：先調整條形寬度：選中圖表，按一下圖表下方中間的小圓點， 如
圖 8-14 所示，按住滑鼠左鍵往上拖動調整圖表高度，將圖表高度調小，然後調
整條形分類間距：用滑鼠按右鍵橫條圖，從選擇【資料數列格式】，打開【資料
數列格式】對話方塊，在【數列選項】中設定條形【類別間距】為 "500%" ，
最終效果如圖 8-15 所示。

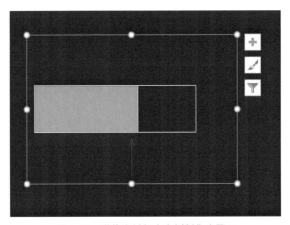

圖 8-14　微信資料報告案例製作步驟 8

圖 8-15　微信資料報告案例製作步驟 9

4) 在圖表對應的位置，插入文字方塊補充文字資訊，將字體設定為 "微軟正黑體"，將 "女性" 和數字 "64%" 字體顏色設定為綠色（RGB：10，193，93），其餘字體顏色設定為白色，字型大小設定為 "9"，將數字字型大小設定為 "11"，最終效果如圖 8-16 所示，好了，第一個資訊圖就製作完成了。

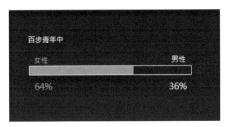

圖 8-16　微信資料報告案例製作步驟 10

2）繪製環圈圖

Mr.P：接下來繪製環圈圖，這部分介紹了吃飯和購物買單的男女比例，我們一起來看看這個資訊圖是如何製作的。

STEP 01　數據準備

環圈圖資料來源為吃飯和購物買單的男女比例資料，如圖 8-17 所示。

	A	B	C
1	性別	吃飯買單比例	購物買單比例
2	男	59%	43%
3	女	41%	57%

圖 8-17　微信資料報告案例數據 2

STEP 02　繪製基礎圖表

繪製環圈圖，選中 A1:B3 儲存格區域，按一下【插入】選項，在【圖表】組中按一下【插入圓形圖或環圈圖】中的【環圈圖】，產生的圖表如圖 8-18 所示。

吃飯買單比例

■男 ■女

圖 8-18　微信資料報告案例製作步驟 11

STEP 03　**圖表處理**

調整環圈圖內徑大小，用滑鼠按右鍵任意圓環，從選擇【資料數列格式】，在彈出的
【資料數列格式】對話方塊【數列選項】下設定【環圈圖內徑大小】為 "90%"，效
果如圖 8-19 所示。

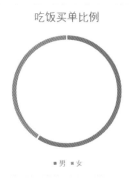

吃饭买单比例

■男 ■女

圖 8-19　微信資料報告案例製作步驟 12

STEP 04　**美化圖表**

1) 刪除圖表多餘元素：刪除 "圖表標題"、"圖例"，將圖表區和繪圖區框線和填
滿均設定為無。

2) 調整圓環顏色：用滑鼠按右鍵圓環，從選擇【資料數列格式】，按兩下選中
"男" 數列圓環，在【資料數列格式】對話方塊的【數列選項】下按一下【填滿
與線條】，【填滿】項選為【純色填滿】，將【顏色】設定為綠色（RGB：10，
193，93），將【框線】設定為【無】；用同樣的方法將 "女" 數列圓環填滿顏

色設定為灰色（RGB：169，169，169），將【框線】設定為【無】，設定完成的效果如圖 8-20 所示。

圖 8-20　微信資料報告案例製作步驟 13

3) 調整圓環大小：選中圖表，按一下圖表右下方的小圓點，如圖 8-21 所示，按住滑鼠左鍵往上拖動調整圖表，調整到合適大小。

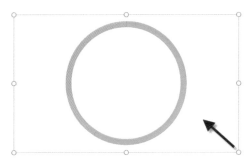

圖 8-21　微信資料報告案例製作步驟 14

STEP 05　圖示素材與圖表組合

1) 準備吃飯、購物車的圖示素材如圖 8-22 所示。

圖 8-22　環圈圖示素材準備

2) 選中圖示素材，將其移至環圈圖中間空白位置，並適當調整圖示大小。

3) 將圖表複製貼上至資訊圖報告區域，透過插入文字方塊、形狀等方式增加文字內容、資料標籤和引導線，設定的方法前面已介紹，這裡就不重複了，最終效果如圖 8-23 所示。

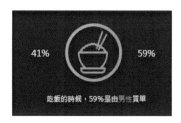

圖 8-23　微信資料報告案例製作步驟 15

Mr.P：用同樣的方法繪製 "男女購物買單比例" 的環圈圖，效果如圖 **8-24** 所示。

圖 8-24　微信資料報告案例製作步驟 16

Jenny：好的。

4) 繪製趨勢泡泡圖

Mr.P：「接下來我們來製作趨勢泡泡圖，這個圖形在 "趨勢分析" 章節已經介紹過了。」

▸STEP 01　數據準備

趨勢圖資料來源為各出生年代用戶使用零錢通的比例資料，如圖 8-25 所示。

	A	B	C	D	E	F
1	數據	00後	90後	80後	70後	年長者
2	X軸	1	2	3	4	5
3	Y軸	0	0	0	0	0
4	氣泡大小	6%	35%	30%	18%	11%
5	X軸標籤	10%	10%	10%	10%	10%

圖 8-25　微信資料報告案例數據 3

Mr.P 問道：「Jenny，考考你，圖 8-25 中 X 軸、Y 軸、氣泡大小（年齡占比）、X軸標籤分別有什麼作用嗎？」

Jenny 自信滿滿地回答：「嗯，X 軸用於確定氣泡的水平位置，Y 軸用於確定氣泡的垂直高度，氣泡大小為各出生年代用戶使用零錢通的比例，X 軸標籤就是用於繪製另外一個泡泡圖以便於我們增加氣泡大小的資料標籤。」

Mr.P：「不錯，你都記住了，那下面我們一起來複習趨勢泡泡圖的做法。」

STEP 02 繪製基礎圖表

繪製泡泡圖，選中 B2:F4 儲存格區域，按一下【插入】選項，在【圖表】組中按一下【插入 XY 散佈圖或泡泡圖】中的【泡泡圖】，產生的圖表如圖 8-26 所示。

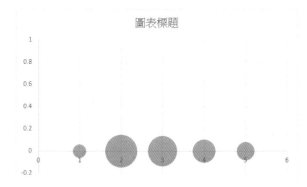

圖 8-26　微信資料報告案例製作步驟 17

STEP 03 圖表處理

1) 調整 Y 軸上氣泡的分佈位置：用滑鼠按右鍵 Y 軸，從選擇【設定座標軸格式】，在彈出的【設定座標軸格式】對話方塊的【座標軸選項】下，【最小值】設定為"-0.4"，【最大值】設定為"0.4"，設定完成的效果如圖 8-27 所示。

2) 新增資料標籤：用滑鼠按右鍵任意氣泡，從選擇【新增資料標籤】，這時增加的資料標籤均為"0"，用滑鼠按右鍵剛增加的任意資料標籤，從選擇【設定資料標籤格式】，【標籤選項】下，勾選【氣泡大小】，取消勾選【Y 值】【顯示引導線】，並設定【標籤位置】為【靠上】，如圖 8-28 所示，設定完成的效果如圖 8-29 所示。

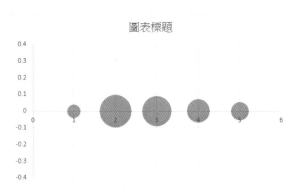

圖 8-27 微信資料報告案例製作步驟 18

圖 8-28 【設定資料標籤格式】對話方塊

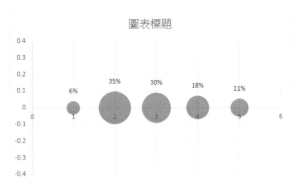

圖 8-29 微信資料報告案例製作步驟 19

3) 增加 X 軸標籤：

① 先繪製用於增加 X 軸標籤的泡泡圖：用滑鼠按右鍵圖表任意位置，從選擇【選擇資料】，在彈出的【選擇資料來源】對話方塊的【圖例項目（數列）】下，按一下【增加】按鈕，在彈出的【編輯資料數列】對話方塊中，設定新泡泡圖的資料來源，相關設定參數如圖 8-30 所示，然後按一下【確定】按鈕返回【選擇資料來源】對話方塊，在選中剛增加的 "X 軸標籤氣泡大小" 數列狀態下，按一下【圖例項目（數列）】中的【上移】箭頭，這樣就可以使剛增加的泡泡圖置於原泡泡圖下方，便於後續我們選擇不同的泡泡圖，設定完成的效果如圖 8-31 所示。

圖 8-30 微信資料報告案例製作步驟 20

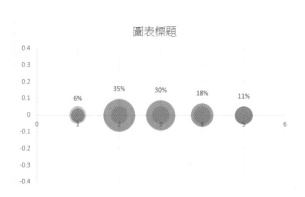

圖 8-31　微信資料報告案例製作步驟 21

② 增加 Y 軸標籤：用滑鼠按右鍵剛增加的任意橙色泡泡圖，從選擇【新增資料標籤】，這時增加的資料標籤同樣均為 "0"，用滑鼠按右鍵剛增加的任意資料標籤，從選擇【設定資料標籤格式】，在彈出的【設定資料標籤格式】對話方塊的【標籤選項】下，勾選【儲存格中的值】，將資料標籤的值更改為年份（B1:F1 儲存格區域），取消勾選【Y 值】【顯示引導線】，並設定【標籤位置】為【下】，設定完成的效果如圖 8-32 所示。

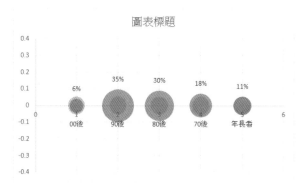

圖 8-32　微信資料報告案例製作步驟 22

STEP 03 **美化圖表**

1) 刪除 "圖表標題"、"格線"、"X 軸"、"Y 軸",將圖表區、繪圖區的框線和填滿均設定為無。

2) 將資料標籤字體設定為 "微軟正黑體",字型大小設定為 "12" 並選中 "加粗",字體顏色設定為綠色(RGB:10,193,93)

3) 將 X 軸年份標籤字體設定為 "微軟正黑體",字型大小設定為 "10",字體顏色設定為灰色(RGB:169,169,169)。

4) 將 "氣泡大小" 氣泡填滿設定為綠色(RGB:10,193,93),框線設定為無,X 軸標籤氣泡的框線和填滿均設定為無,設定完成後最終效果如圖 8-33 所示。

5) 將泡泡圖複製貼上到對應的資訊圖報告區域,插入文字方塊,增加好文字資訊,最終效果如圖 8-34 所示。

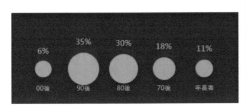
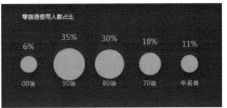

圖 8-33　微信資料報告案例製作步驟 23　　圖 8-34　微信資料報告案例製作步驟 24

Mr.P:「好了,這個微信資料報告中的資訊圖就製作完成了,最後透過編輯【插入文字方塊】把開頭文字部分內容補充完整,最終完成的效果如圖 8-35 所示。」

Jenny:「那我怎麼將它轉存為圖片發出去呢?」

Mr.P:「很簡單,選中整個資訊圖報告區域,按 "Ctrl+C" 快速鍵複製,從電腦作業系統的【開始】功能表中打開【小畫家】,按一下【貼上】,此時圖片已經貼上在【小畫家】中了。

然後按一下左上角的【儲存】,在彈出的【儲存為】對話方塊中,圖片的【存檔類型】可選擇 "PNG" 或 "JPEG",同時設定儲存路徑及檔案名稱,然後按一下【儲存】按鈕,即可將資訊圖報告儲存為圖片,如圖 8-36 所示。

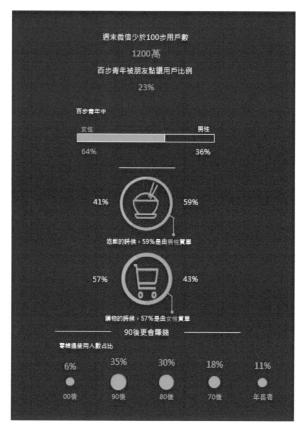

圖 8-35 微信資料報告案例成品

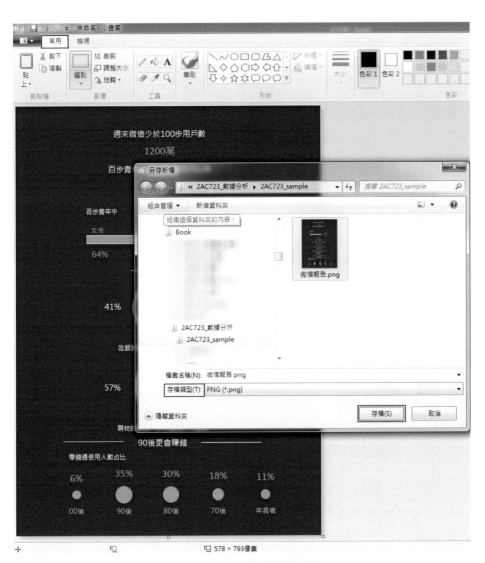

圖 8-36　微信資料報告案例製作步驟 26

8.2 本章小結

Mr.P 端起水杯喝口水後說道：「Jenny，微信資料報告資訊圖案例的製作方法已經學習完了，我們一起來回顧下今天所學的內容。」

1）學習資訊圖報告結構的拆解和取色。

2）學習在 Excel 中設定資訊圖報告區域大小的方法。

3）學習將 Excel 資訊圖報告儲存為圖片報告的方法。

Jenny 開心地說：「嗯，原來資訊圖報告也可以透過 Excel 輕鬆製作，又學到新方法了。完成董事長交代的任務不用愁了。」

Mr.P：「記住要自己多多練習喔，平時看到作品，可以多想想怎麼做，大膽嘗試自己能不能做出來。臨淵羨魚不如退而結網，讓自己變成大神的第一步，就是多模仿優秀作品。」

Jenny：「好的，時間不早了，不如我請您吃飯，就當作謝師宴吧！」

Mr.P 高興地回應：「這個可以，走吧。」

NOTE

NOTE

NOTE

NOTE

NOTE

NOTE